Python程序设计基础实践教程

主编　任志考　孙劲飞　叶　臣

编委　王秀英　芦静蓉　江守寰　隋玉敏

　　　梁宏涛　李朝玲　刘明华　于龙振

　　　郭蓝天　刘金环　张栩朝　杨星海

中国科学技术大学出版社

内 容 简 介

本书内容主要包括 Python 基础知识、Python 实验设计与解析、Python 课程设计与实训、"Python 程序设计"教学辅助系统等。书中对 Python 程序设计中的核心内容以及重难点问题进行了梳理和总结，以帮助学生更好地理解和掌握 Python 程序设计的内容。本书可作为普通高等院校的 Python 语言相关课程的教材，也可供自学者阅读。

图书在版编目（CIP）数据

Python 程序设计基础实践教程/任志考,孙劲飞,叶臣主编.—合肥:中国科学技术大学出版社,2022.9

ISBN 978-7-312-05513-3

Ⅰ.P… Ⅱ.①任… ②孙… ③叶… Ⅲ.软件工具—程序设计—高等学校—教材 Ⅳ.TP311.561

中国版本图书馆 CIP 数据核字（2022）第 168669 号

Python 程序设计基础实践教程
PYTHON CHENGXU SHEJI JICHU SHIJIAN JIAOCHENG

出版	中国科学技术大学出版社
	安徽省合肥市金寨路96号,230026
	http://press.ustc.edu.cn
	https://zgkxjsdxcbs.tmall.com
印刷	安徽国文彩印有限公司
发行	中国科学技术大学出版社
开本	787 mm×1092 mm 1/16
印张	17.5
字数	421 千
版次	2022年9月第1版
印次	2022年9月第1次印刷
定价	56.00元

前　言

Python是当前应用领域最多的计算机语言，且它是一门高级语言。Python语言涉及知识点多，内容丰富，为了让初学者更好地掌握Python的编程思想和程序设计方法，编者编写了这本具有疑难解析和实践应用功能的实用教程。

全书分为5个部分：第1部分为Python基础知识与要点。该部分分为11章内容，对学习中的重点和难点进行了解析，通过举例说明与案例解析，加深学生对疑难问题的理解，解决了初学者在学习中常见的问题。第2部分为实验设计与解析。该部分编者精心设计了12个实验，帮助学生加强对重点和难点问题的理解，更好地体会、掌握与运用Python的重点和难点知识。第3部分为Python课程设计与实训。该部分包括2项Python实训题目设计，供需要的老师和学生选择使用。第4部分为习题。该部分针对基础知识和重、难点问题设计了相应的习题，通过练习可以帮助学生更好地理解与运用所学知识。第5部分为"Python程序设计"教学辅助系统。该部分介绍了编者自主设计开发的"Python程序设计"教学辅助系统，其主要功能系统有实验辅助子系统、题库与试卷管理子系统、考试管理与使用子系统、成绩处理与分析子系统等。该系统在两年的试运行期间受到了主讲教师和学生的欢迎与支持，目前已经正式投入使用。

近几年来，Python程序设计有关的书籍和新技术层出不穷，限于篇幅，本书仅选择了一些经典案例与常见应用给予解析，建议读者充分利用现代信息技术手段结合本教材不断学习提高。

另外，本书中带有"*"标记的内容难度较大，供选择使用。

本书由青岛科技大学任志考、孙劲飞、叶臣主编，王秀英、芦静蓉、江守寰、隋玉敏、梁宏涛、李朝玲、刘明华、于龙振、郭蓝天、刘金环、张栩朝和杨星海参与了部分内容的编写与修正。另外，"Python程序设计"教学辅助系统在实际使用中得到了青岛科技大学信息科学技术学院很多老师的有益建议，在此表示诚挚的感谢。

限于编者水平，本书难免有些问题没有阐述清楚或有疏漏，诚请广大读者批评指正，我们将不胜感激。编者的电子邮件地址：470355103@qq.com。

目　　录

第2部分　实验设计与解析

第3部分　Python课程设计与实训

第4部分　习　题

第5部分　"Python程序设计"教学辅助系统

第1部分　Python基础知识与要点

　　Python基础知识是学习Python的基础,基础知识的掌握程度直接影响后续的学习与实验。本部分对基础知识做了归纳总结,能够进一步提高学生对Python基础知识的领会与运用,同时对基础知识的要点及重点进行了实例化的提炼与解析,通过举例说明与案例解析,可以加深学生对疑难问题的理解,解决了初学者在学习中常常提出或者遇到的问题。

　　本部分分为11章,其中第1章为Python概述,主要讲述Python的基本知识、编程环境等;第2章为Python语言基础,主要讲述Python的编程基础知识以及常用的内置函数,并增加了高阶函数的内容;第3章为Python序列,主要学习Python四大序列对象的知识与应用;第4章为Python程序结构,主要讲述Python程序分支(选择)与循环结构的知识与应用;第5章为Python函数,讲解函数分类,主要学习自定义函数的知识与应用;第6章为Python字符串,主要是有关Python字符串的知识与应用;第7章为正则表达式,主要是有关正则表达式的知识与应用;第8章为面向对象的程序设计,主要讲述面向对象程序设计的知识与应用;第9章为文件与文件夹操作,主要是Python文件与文件夹的相关知识与使用;第10章为基本绘图工具Turtle库,介绍Turtle库基本绘图的应用;第11章为Python异常处理,介绍Python异常处理的有关知识及应用。

　　第1部分内容结合对实际教学过程的总结,将学生在学习Python语言过程中反映出来的问题进行汇总和提炼,对大量的基础知识进行了筛选和分类,更加适合基础知识的巩固和加强。

第1章 Python概述

1.1 基础知识

1. Python语言的优势

Python语言是一种面向对象、解释型的程序设计语言。Python语言于1989年被发明，1991年第1版公开发行，其遵循GPL（General Public License）协议，源代码开放，意味着无论是个人还是企业均可以免费使用Python。

Python语言具有三大优势：免费、开源和庞大的第三方扩展库。这三大优势使得Python成为人工智能、网络安全、大数据处理、网络爬虫、数据分析等领域的首选语言。作为一门高级语言，相较于其他传统的C++、Java和C#语言，Python显得更加轻巧与简洁，语法设计更加接近自然语言，代码风格更加具有艺术性和美感。Python语言与我们的自然语言更加接近，用起来灵活性很强。

如今Python语言的热潮正旺，2021年9月13日，TIOBE官方发布的编程语言榜单显示：Python语言已经上升至第二位，如图1-1所示。

Sep 2021	Sep 2020	Change	Programming Language	Ratings	Change
1	1		C	11.83%	-4.12%
2	3	^	Python	11.67%	+1.20%
3	2	v	Java	11.12%	-2.37%
4	4		C++	7.13%	+0.01%
5	5		C#	5.78%	+1.20%

图1-1 2021年编程语言榜单

借用Python社区流行语来总结为什么要学习Python语言：人生苦短，我学Python，我用Python无悔！

2. Python Web的优势*

Python语言有众多的应用方向，如人工智能、科学计算、数据分析、3D游戏和Web开发等。

Web应用程序(Web网站)开发是计算机应用的一个主要组成部分,Python Web是Python语言的主要应用方向之一。总体来说,Python Web在国外发展迅猛,例如著名的社交问答网站Quora、图片分享网站Pinterest以及国外最大的搜索网站Google,都采用或部分采用了Python来构建Web。相较于国外,目前国内的Python Web发展较慢,原因是Python在国内普及时间较短,国内大多数Web开发人员还没有转移到Python Web上来。今后Python Web的普及进程会不断加快,相信会有更多的Web开发人员愿意加入到Python阵营中来。

Python Web之所以能够迅猛发展,首先需要明确一个概念,即Web应用并不仅仅指Web网站:

$$Web=Web\ Application(网络应用)!\neq Website(网站)$$

Web开发里的Web指的是网络应用(Web Application),而不仅仅是单指网站(Website),Web应用程序和Web网站相同的地方是内部组织和开发平台相同或相似,而用途侧重点不同,Web应用是指基于Web的各种网络应用程序,Web网站则侧重于宣传和广告。总之,网站只是Web的一个方面,网络应用才是Python Web的主要应用方面。Python Web框架中可以直接嵌入Python其他领域的核心功能,因此可以快速完成基于互联网的产品应用部署,具有广阔的应用前景。

3. 安装Python

Python是一种跨平台语言,Python编写的程序代码可以在Windows、Unix、Linux、Mac OS、Android以及华为Harmony OS上运行。但是Python有一个突出的缺点就是版本兼容性问题,这也是Python一直被诟病的地方。目前存在Python 2和Python 3两个版本,并且具有较大的不同,在两个不同版本下开发的代码一般需要做较大改动才能在另外一个版本中正常运行。主要原因是设计Python 3时,消除了冗余和过多的累赘,而没有过多考虑向下兼容的问题。但是Python 3的缺点也是其优点,因为Python 3抛弃了Python 2的一些冗余模块,使Python 3得以简练并保持了轻巧的优良状态。目前,Python 3已经渐入佳境并逐步成为主流,同时越来越多的开源工具包采用了Python 3开发。

Python是一种高级语言,计算机无法直接识别高级语言,因此当运行Python程序的时候,需要一个"翻译器"负责把高级语言转变成二进制语言。这个过程分成下面两种类型:

第一种是编译型。编译型语言在程序执行之前,会先通过编译器对程序执行一个编译的过程,该过程把程序代码编译(翻译)成二进制语言,这种语言最典型的就是C/C++语言。

第二种是解释型。解释型语言没有编译的过程,而是在程序执行的时候,用专门的解释器逐行解释执行。

总而言之,编译型高级语言就是一次性把程序代码全部翻译成二进制数据后,由计算机一起执行;解释型高级语言则是一边翻译(解释)一边执行。

Python是一种解释型语言,对应的解释器完成二进制数据的转换,这个解释器就是要下载和安装的Python开发环境。Python初学者开发工具IDLE就是包含解释器的一种Python开发环境。

Python IDLE下载页面网址为:https://www.python.org/getit/。该页面提供了不同的

Python版本,如图1-2所示。

Release version	Release date		Click for more
Python 3.9.7	Aug. 30, 2021	Download	Release Notes
Python 3.8.12	Aug. 30, 2021	Download	Release Notes
Python 3.9.6	June 28, 2021	Download	Release Notes
Python 3.8.11	June 28, 2021	Download	Release Notes
Python 3.6.14	June 28, 2021	Download	Release Notes
Python 3.7.11	June 28, 2021	Download	Release Notes
Python 3.9.5	May 3, 2021	Download	Release Notes
Python 3.8.10	May 3, 2021	Download	Release Notes

图1-2 Python版本

  如果用户是在Windows环境下使用Python语言,则可以直接在"Downloads"选项下选择"Windows",即可以下载所需要的Python版本,如图1-3所示。

Downloads	Documentation	Community	Success Stories	News
All releases				
Source code		**Download for Windows**		
Windows		Python 3.10.2		
macOS		**Note that Python 3.9+ *cannot* be used on Windows 7 or earlier.**		
Other Platforms		Not the OS you are looking for? Python can be used on many operating systems and environments.		
License		View the full list of downloads.		
Alternative Implementations				

图1-3 Downloads下的Python版本下载选择

  单击"Windows"选项,则进入Windows操作系统下的Python版本下载选择页面,在该页面中,用户根据需要选择下载Python版本,需要注意的是,要区别是64 bit还是32 bit的环境,如图1-4所示。

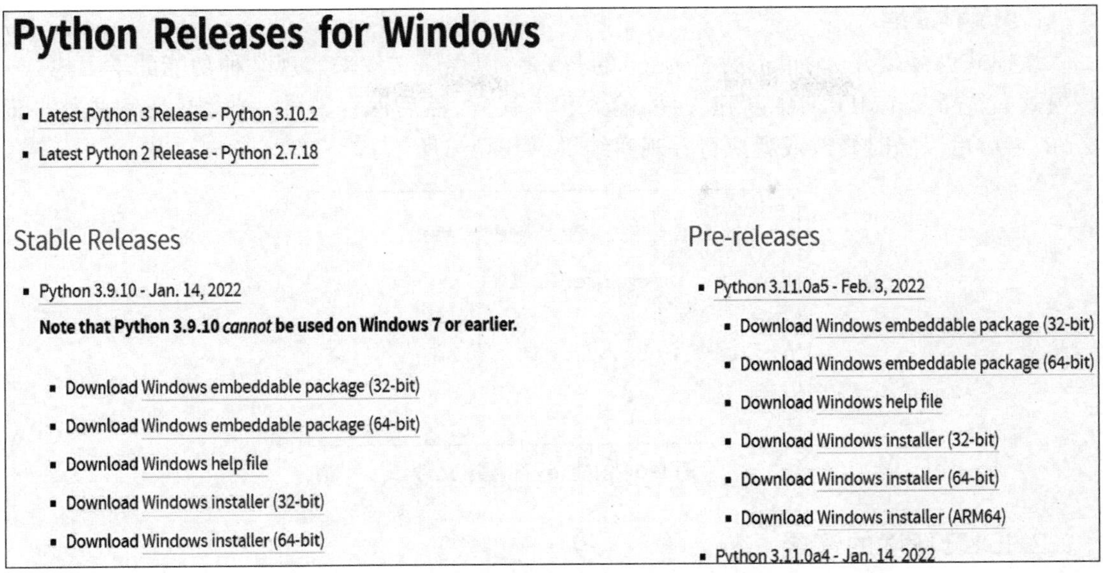

Python Releases for Windows

- Latest Python 3 Release - Python 3.10.2
- Latest Python 2 Release - Python 2.7.18

Stable Releases

- Python 3.9.10 - Jan. 14, 2022

Note that Python 3.9.10 *cannot* **be used on Windows 7 or earlier.**

- Download Windows embeddable package (32-bit)
- Download Windows embeddable package (64-bit)
- Download Windows help file
- Download Windows installer (32-bit)
- Download Windows installer (64-bit)

Pre-releases

- Python 3.11.0a5 - Feb. 3, 2022
  - Download Windows embeddable package (32-bit)
  - Download Windows embeddable package (64-bit)
  - Download Windows help file
  - Download Windows installer (32-bit)
  - Download Windows installer (64-bit)
  - Download Windows installer (ARM64)
- Python 3.11.0a4 - Jan. 14, 2022

图1-4　Windows操作系统下的Python版本

1.2　Python的编程环境

1. Python IDLE编程环境

对于初学者,推荐使用Python IDLE这个经典平台,该平台在安装Python系统时自动安装,提供了两种初学者学习模式,使用起来既简单又快捷。

(1)命令行模式

以">>>"为提示符的命令行操作模式下,可以直接输入Python表达式或者语句,回车立即会输出结果,如图1-5所示。

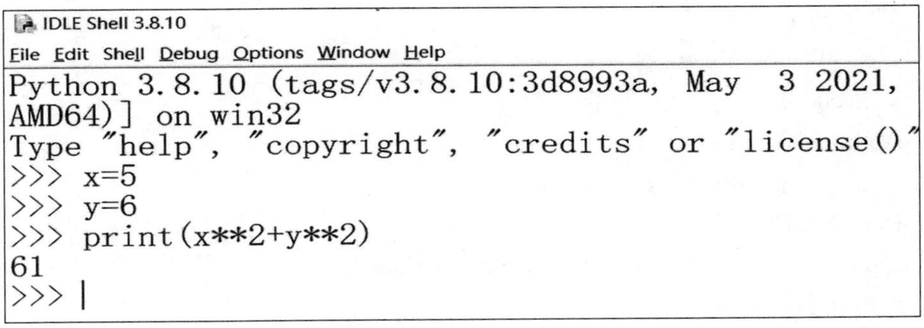

```
IDLE Shell 3.8.10
File Edit Shell Debug Options Window Help
Python 3.8.10 (tags/v3.8.10:3d8993a, May  3 2021,
AMD64)] on win32
Type "help", "copyright", "credits" or "license()"
>>> x=5
>>> y=6
>>> print(x**2+y**2)
61
>>>
```

图1-5　IDLE命令行环境

（2）编辑器模式

该模式就是创建、编辑扩展名为.py的Python源程序文件来实现某种功能的学习模式，该模式首先需要在IDLE中新建文件，输入程序代码，然后保存文件，将代码保存成为外部文件，之后可以随时修改或者执行并观察结果，如图1-6所示。

```
*untitled*
File Edit Format Run Options Window Help
s=0
for i in range(1,101):
    s=s+i

print("1+2+3+.....=",s)
```

图1-6　创建.py源程序文件

2. IDLE环境的清屏

在IDLE环境操作过程中，随着操作的增多无法实时一键清屏，只能关闭IDLE之后，再重新打开，给学习者带来很多不便，这里介绍一种增加清屏菜单项的方法。IDLE的Options原始菜单没有清屏选项，如图1-7所示。

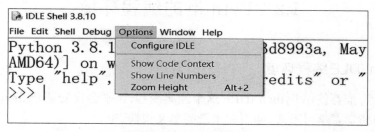

图1-7　Options原始菜单

（1）创建清屏辅助文件

该辅助文件是一个名为ClearWindow.py的扩展文件，该文件的内容如下：

```
"""

Clear Window Extension
Version: 0.2
Author: Roger D. Serwy
        roger.serwy@gmail.com
Date: 2021-06-20
It provides "Clear Shell Window" under "Options"
with ability to undo.
Add these lines to config-extensions.def
[ClearWindow]
enable=1
```

```
enable_editor=0
enable_shell=1
[ClearWindow_cfgBindings]
clear-window=<Control-Key-l>
"""

class ClearWindow:
menudefs=[
        ('options',[None,
            ('Clear Shell Window','<<clear-window>>'),
        ]),]
    def __init__(self, editwin):
self.editwin=editwin
self.text=self.editwin.text
self.text.bind("<<clear-window>>",self.clear_window2)
self.text.bind("<<undo>>", self.undo_event)   #add="+" doesn't work
    def undo_event(self, event):
        text=self.text
text.mark_set("iomark2","iomark")
text.mark_set("insert2","insert")
self.editwin.undo.undo_event(event)
    # fixiomark and insert
text.mark_set("iomark","iomark2")
text.mark_set("insert","insert2")
text.mark_unset("iomark2")
text.mark_unset("insert2")
  def clear_window2(self, event):   # Alternative method
    # work around the ModifiedUndoDelegator
    text=self.text
text.undo_block_start()
text.mark_set("iomark2","iomark")
text.mark_set("iomark", 1.0)
text.delete(1.0, "iomark2 linestart")
text.mark_set("iomark", "iomark2")
text.mark_unset("iomark2")
text.undo_block_stop()
    if self.text.compare('insert','<','iomark'):
self.text.mark_set('insert', 'end-1c')
self.editwin.set_line_and_column()
  def clear_window(self,event):
```

```
#remove undo delegator
undo=self.editwin.undo
self.editwin.per.removefilter(undo)
# clear the window, but preserve current command
self.text.delete(1.0,"iomark linestart")
    if self.text.compare('insert','<','iomark'):
self.text.mark_set('insert','end-1c')
self.editwin.set_line_and_column()
    # restore undo delegator
self.editwin.per.insertfilter(undo)
```

（2）复制文件

打开 Python 的安装目录，找到（lib\idlelib）目录，然后把上面保存的 ClearWindow.py 拷贝到 idlelib 目录下。

（3）修改配置文件

在（lib\idlelib）目录下，找到 config-extensions.def 配置文件并打开它，在文件末尾加入以下配置：

```
[ClearWindow]
enable=1
enable_editor=0
enable_shell=1
[ClearWindow_cfgBindings]
clear-window=<Control-Key-l>
```

保存文件并退出，然后重新启动 IDLE，在 Options 菜单下就会出现一个清屏菜单项"Clear Shell Window"，如图 1-8 所示。

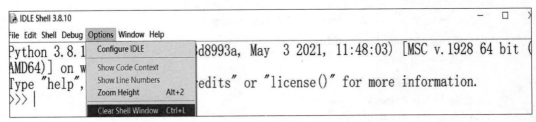

图 1-8 清屏菜单项

到此为止，Python IDLE 环境的清屏菜单项就添加完成，为 IDLE 的使用增加了便利。

3. PyCharm 编程与开发平台

PyCharm 是一种 Python 集成开发环境（Integrated Development Environment，IDE），拥有一整套能够帮助用户在使用 Phthon 语言开发时提高其效率的工具，如代码调试、语法高亮、代码跳转、项目管理、智能提示、单元训练、版本控制等。此外该 IDE 还提供了一些高级功能用于支持 Django 框架下的专业 Web 开发。

请提前安装PyCharm的相应版本(如社区版)。初学者可以选择PyCharm社区版(Community),学习下载、安装和使用。

(1) PyCharm的下载和安装

① 下载PyCharm安装程序。

PyCharm安装程序的下载地址为:https://www.jetbrains.com/pycharm/download/#section=windows,下载页面如图1-9所示。

图1-9 PyCharm下载页面

② 安装PyCharm。

安装位置的选择如图1-10所示。

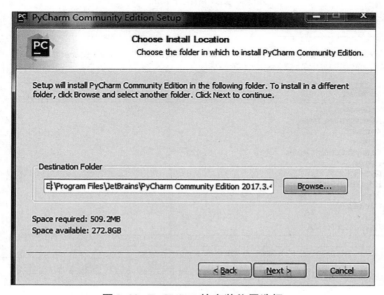

图1-10 PyCharm的安装位置选择

可以根据自己的电脑配置选择32位还是64位系统,目前主流是64位系统,如图1-11所示。

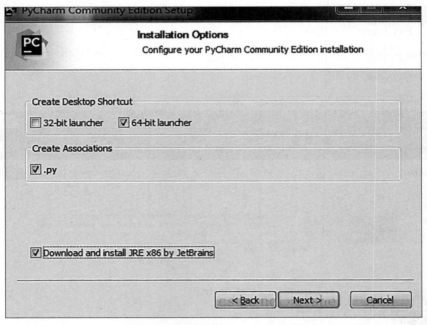

图1-11　选择64位PyCharm安装

进入开始的菜单界面,选择默认值即可,单击"Install"按钮开始安装PyCharm系统,安装完成后,最后单击"Finish"按钮即可,如图1-12所示。

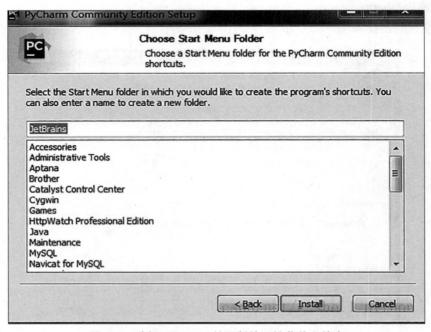

图1-12　选择PyCharm社区版的开始菜单文件夹

（2）PyCharm的启动与使用

安装完成后，用户可以尝试使用PyCharm。双击PyCharm在桌面上的快捷方式启动，PyCharm支持导入以前的设置，当用户初次使用时，在首页用户菜单中，可以选择打开一个已有的Python项目或文件，或者创建一个新项目（文件），如图1-13所示。

图1-13　PyCharm的首页菜单

① 新建一个Python项目。如果选择新建一个项目，需要选择路径和命名项目，如图1-14所示。

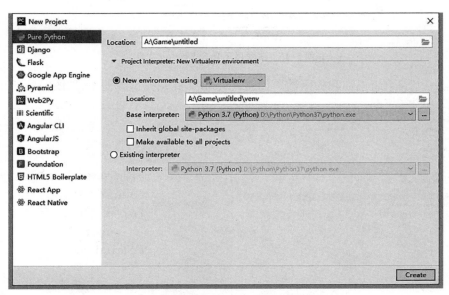

图1-14　新建一个Python项目文件

② 新建一个Python文件。在项目中新创建一个Python源程序文件，可以选择"New"，再选择"Python File"，如图1-15所示。

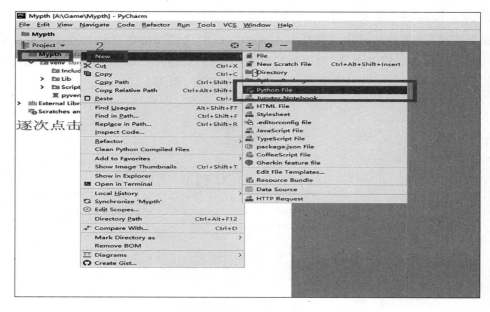

（a）菜单选择

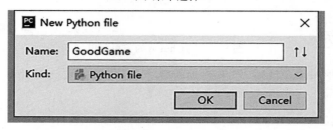

（b）填写Python文件名

图1-15　在项目下新建Python文件

③ 写一个求数组累加和的函数。创建Python文件并编辑源程序，如图1-16所示。

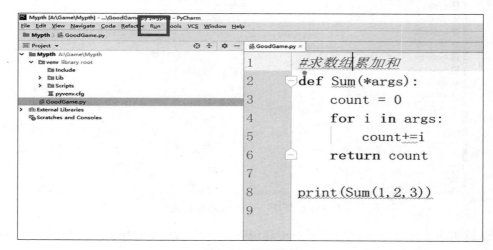

图1-16　编写程序

保存并命名文件,然后运行程序,如图1-17所示。

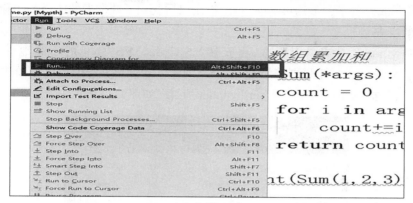

（a）菜单选择

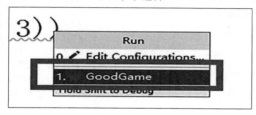

（b）选择运行的文件

图1-17　运行程序

运行结果如图1-18所示。

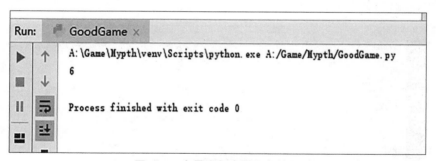

图1-18　在最底部查看运行结果

4. Visual Studio Code开发环境*

对于Python初学者而言,除了Python IDLE平台之外,还有其他便捷平台可以选择,例如PyCharm平台,该平台虽然功能强大,但是系统较为庞大,在一定程度上不适合初学者使用。对此,在"Build 2015"大会上,微软推出了免费跨平台的Visual Studio Code编辑器(简称VS Code)。

Visual Studio Code的主要特点是:它是一款免费开源的现代化轻量级代码编辑器,支持绝大多数主流的程序开发语言,其基本功能包括语法高亮显示、智能代码自动补全、自定义快捷键、括号匹配和颜色区分、代码片段、代码对比、GIT命令等众多特性;另外VS Code支持插件扩展,并针对网页开发和云端应用开发做了优化。VS Code编辑器跨平台支持Windows、Mac OS以及Linux,各平台上均可流畅运行,推出以后受到了开发者的广泛关注和好评。

（1）安装准备

先安装 Python 3 .8 或以上版本,再安装 VS Code。VS Code 的下载地址是:https:// code.visualstudio.com/。打开浏览器进入 VS Code 下载网站后,在主页面单击"Download for Windows",选择"Windows x64 User Installer"下载,如图1-19所示。

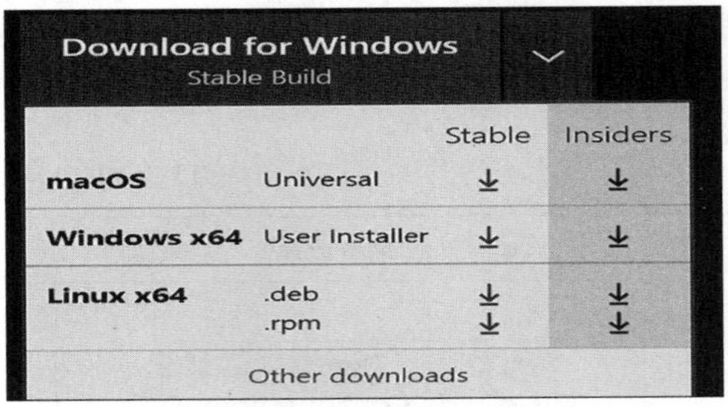

图1-19　VS Code安装版本选择

双击下载的安装文件,按照提示进行默认安装即可。安装完成后启动VS Code,熟悉 VS Code的基本使用方法。

（2）VS Code 的基本配置

VS Code 系统的主界面分为几个功能操作区域,分别是菜单栏、常用功能面板、代码编辑区和输出控制台,如图1-20所示。

图1-20　VS Code主界面功能区

① 菜单栏:集成了所有的文件命令操作和窗口设置操作。一些面板上的常用命令可以通过菜单栏选项查找并执行,实际使用时也可以从菜单栏启动调试窗口和编辑窗口。

②常用功能面板:这个区域在系统主界面左侧,其中的功能选项是实际开发中使用最频繁的,包含文件管理器、搜索、Git代码管理、Debug调试面板、插件管理等功能,如图1-21所示。

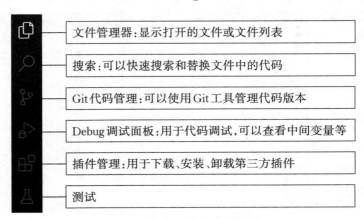

图1-21　VS Code常用功能面板

③代码编辑区:编辑程序代码的主区域。

④输出控制台:该区域主要输出代码的执行结果,终端命令窗口(Terminal)和调试窗口(Debug Console)均在该区域显示。

(3)编写和运行Python脚本

启动VS Code系统,选择File,执行New File命令,新建一个空白文件,然后在代码编辑区输入下面的代码:

```python
print("青岛科技大学！")
```

上述代码用来在控制台输出"青岛科技大学!"这一字符串,按Ctrl+S组合键保存文件,在弹出的对话框中选择保存路径,文件命名为hello.py,然后确认保存。

在"运行"菜单中选择"启动调试"(F5)或"以非调试模式运行"(Ctrl+F5)执行该程序,执行结果如图1-22所示。

图1-22　Python程序执行界面

作为另一个例子,下面编写程序求 $1+2+3+\cdots+100$ 的结果。新建文件 qiuhe.py,然后输入代码,保存执行,观察运行结果,如图1-23所示。

图1-23　求1至100累加和的Python程序的执行

1.3　疑难点解析

1. Python库与模块的区别

Python库与模块的概念是有区别的,实际中很多人分不清。库与模块的主要区别在于它们的定义与所指范围不同。

① 模块:包含并且有组织的代码片段为模块,模块是一种以 .py 为后缀的文件,在 .py 文件中定义了一些常量和函数。模块的名称是*.py 文件的名称,例如 sample.py,其中文件名 sample 即为模块名称。模块的名称作为一个全局变量__name__的取值可以被其他模块获取或导入。模块的导入通过 import 来实现。

② 库:库的概念是指一些相关功能模块的集合。实际上,较小的库可能只有一个功能模块,从这点上看,模块就是最小的库。库是 Python 的一大特色之一,除了有强大的标准库之外,还有第三方的库和用户自定义模块库。

总之,库是模块的集合,而且是具有一定关联性的模块的集合。

此外,Python 中的库是借用其他编程语言的概念,没有特别具体的定义,Python 库着重强调其功能性。在 Python 中,具有某些功能的模块和包都可以被称作库。模块由诸多函数组成,包由诸多模块结构化组成,库中可以包含包、模块和函数。

2. Python 扩展库的安装

Python 扩展库的安装是一个难点。具体步骤如下：

（1）检查现有的 Python 版本

首先需要检查现有的 Python 版本是否适合安装某类扩展库，查看 Python 版本的方法有两种：① 直接启动 Python IDLE 则可以直接查看当前 Python 的版本，如图 1-24（a）所示，显示结果是当前版本为 Python 3.8.10。② 首先将 Python 的安装路径添加到操作系统的环境变量中；然后按 Win＋R 键打开"运行"，输入"cmd"；最后在命令提示符后输入"python"并按回车键即可查看 Python 版本，如图 1-24（b）所示。显示结果是当前安装的版本为 Python 3.8.8。

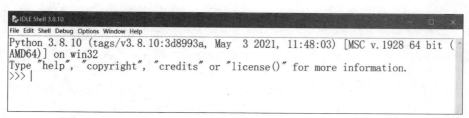

（a）直接查看

（b）命令查看

图 1-24　Python 的版本号

说明：环境变量（Environment Variables）一般是指在操作系统中用来指定操作系统运行环境的一些参数，如临时文件夹位置和系统文件夹的位置等。环境变量是在操作系统中一个具有特定名字的对象，它包含了一个或者多个应用程序所将要使用到的信息。例如，Windows 和 DOS 操作系统中的 path 环境变量，当要求系统运行一个程序而没有告诉其程序所在的完整路径时，系统除了在当前目录下面寻找此程序外，还应到 path 指定的路径中去找。用户通过设置环境变量，可以更好地运行进程。安装 Python 时，注意提示，选择对号可以自动添加路径。

（2）确定安装的文件夹

扩展库的安装需要在 Windows 命令提示符（DOS 提示符或 Shell）状态下，在指定的文件夹中安装，否则即使安装了，也无法使用。以 Windows 10 为例，需要按照以下几个步骤来完成：

在Windows开始菜单中找到"Python 3.8(64-bit)",如图1-25所示。

图1-25　Python 3.8菜单项

单击右键,选择"打开文件位置"菜单项,如图1-26所示。

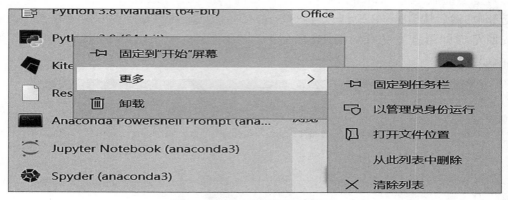

图1-26　"打开文件位置"菜单项

然后选择"Python 3.8(64-bit)",如图1-27所示。

名称	修改日期	类型	大小
IDLE (Python 3.8 64-bit)	2021/6/26 8:18	快捷方式	3 KB
Python 3.8 (64-bit)	2021/6/26 8:17	快捷方式	2 KB
Python 3.8 Manuals (64-bit)	2021/6/26 8:18	快捷方式	1 KB
Python 3.8 Module Docs (64-bit)	2021/6/26 8:18	快捷方式	3 KB

图1-27　Python 3.8快捷方式

选中后单击右键,弹出一个快捷菜单,选择"打开文件所在的位置(I)",如图1-28所示。

名称	粉碎
IDLE (Python 3.8 64-	打开文件所在的位置(I)
Python 3.8 (64-bit)	强力卸载此软件
Python 3.8 Manuals (	添加到压缩文件(A)...
Python 3.8 Module D	添加到 "Python 3.8 Manuals (64-bit).rar"(T)
	压缩并通过邮件发送...

图1-28　"打开文件所在的位置"菜单项

出现文件与文件夹列表,如图1-29所示。

选择Scripts文件夹项,然后按住Shift键,单击右键,在弹出的菜单中,选中"在此处打开Powershell窗口(S)",点击完成文件夹打开,进入该路径下的命令窗口模式,路径显示为"PS C:\Users\dell\AppData\Local\Programs\Python\Python38\Scripts＞",如图1-30所示。

名称	修改日期	类型	大小
DLLs	2021/6/26 8:18	文件夹	
Doc	2021/6/26 8:18	文件夹	
include	2021/6/26 8:17	文件夹	
Lib	2021/6/26 8:18	文件夹	
libs	2021/6/26 8:18	文件夹	
Scripts	2021/6/26 8:18	文件夹	
tcl	2021/6/26 8:18	文件夹	
Tools	2021/6/26 8:18	文件夹	
LICENSE	2021/5/3 11:54	文本文档	32 KB
NEWS	2021/5/3 11:55	文本文档	934 KB
python	2021/5/3 11:54	应用程序	100 KB
python3.dll	2021/5/3 11:54	应用程序扩展	59 KB
python38.dll	2021/5/3 11:54	应用程序扩展	4,113 KB
pythonw	2021/5/3 11:54	应用程序	98 KB
vcruntime140.dll	2021/5/3 11:54	应用程序扩展	94 KB
vcruntime140_1.dll	2021/5/3 11:54	应用程序扩展	36 KB

图1-29　文件所在位置资源列表

图1-30　打开Powershell窗口菜单项

（3）在线安装扩展库

确定好文件夹之后，在命令提示符窗口中输入安装命令即可在线安装相应的扩展库，如输入：pip3 install pygame，按回车键后即可在线安装pygame扩展库了，如图1-31所示。

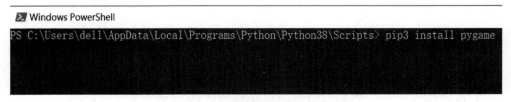

图1-31　在线安装pygame扩展库

pip/pip 3是一个现代的、通用的Python包管理工具，提供了对Python包的查找、下载、安装、卸载的功能。pip和pip 3的区别如下：

① 如果系统中只安装了Python 2，则只能使用pip。

② 如果系统中只安装了Python 3，则既可以使用pip也可以使用pip 3，两者是等价的。

③ 如果系统中同时安装了 Python 2 和 Python 3,则 pip 默认给 Python 2 使用,pip 3 默认给 Python 3 使用。

3. Python 模块的导入与使用

（1）Python 模块

上面已经介绍过 Python 模块（Module）,它是一个 Python 文件,以 .py 结尾,具体来说,模块包含了 Python 对象定义和 Python 语句,能够有逻辑地组织特定的 Python 代码段。把相关的代码分配到一个模块里能让你的代码更好用、更易懂。模块中能定义函数、类和变量,模块里也能包含可执行的代码。

下面是一个简单的自定义模块 MyMoudle.py：

```
#MyMoudle.py模块:
def print_func(str1):
    print("Hello:", str1)
    return
```

编写的 Python 程序除了可以直接运行,还可以包装起来作为模块,这样在其他文件中就可以通过导入该模块来使用其中的各种对象。用户可以编写自己的 Python 模块和包,感兴趣的读者可自行查阅相关资料。

（2）import 语句

import 语句能够实现模块的导入功能,可以导入标准库、扩展库中的模块或者自定义模块,语法格式如下：

```
import module1[, module2[, ……moduleN]]
```

例如,要引用模块 math,就可以在文件最开始的地方用 import math 来导入。在调用 math 模块中的函数时,需要注意调用方式：

```
>>> import math
>>> cos(3)      #这样引用不正确
NameError: name 'cos' is not defined
>>>math.cos(30)      #正确的引用
0.15425144988758405
```

（3）from……import 语句

Python 的 from 语句可以从模块中导入一个或几个指定的部分到当前命名空间中。语法如下：

```
from modname import name1[, name2[, ……nameN]]
```

例如,在 Python 中需要直接使用 cos() 和 sin() 函数,应该进行如下操作：

```
>>> from math import cos, sin      #从 math 模块中导入 cos 和 sin 函数对象
>>>cos(30)
0.15425144988758405
>>>sin(30)
−0.9880316240928618
```

这种用法不会把整个math模块导入到当前的命名空间中，它只会将math里的cos和sin两个函数引入到执行这个声明的模块的全局符号表中。

（4）from……import*语句

这个语句能够把一个模块的所有内容全都导入到当前的命名空间，这样也是可行的，只需使用如下声明：

> from modname import *

这提供了一个简单的方法来导入一个模块中的所有项目对象，*是通配符，表示全部的含义，然而这种声明不该被过多地使用。例如，我们想一次性引入math模块中所有的东西，语句如下：

```
>>> from math import *    #导入所有函数和其他对象
>>>cos(25)
0.9912028118634736
>>>sin(25)
-0.13235175009777303
>>>tan(25)
-0.13352640702153587
```

第2章 Python语言基础

2.1 基 础 知 识

1. 基本语法

（1）Python注释

在Python程序设计中，注释是一个好习惯，注释即是对程序代码的解释，在写程序的时候适当使用注释，方便自己和别人理解程序各个部分的作用，在程序执行时候，注释会自动被解释器忽略，因此注释不会影响程序的执行。Python支持单行注释和多行注释。

① 单行注释。

单行注释是以"#"符号开始到该行末尾结束，举例如下：

```
#下面是键盘输入一个数
x=eval(input("x="))
```

上面是单独一行注释，或者采用下面的样式：

```
x=int(input("x="))     #键盘输入一个数x
```

以上两种模式都是单行注释的使用形式，请大家正确使用。

② 多行注释

多行注释是以三引号作为开始和结束符号，其中三引号可以是三单引号或三双引号，但是左右必须相同，举例如下：

```
'''
s=0
for i in range(1,101):
    s=s+i
print(s)
'''
```

上述代码被三单引号多行注释了。在程序设计中，多行注释可以对程序进行较为详细的说明，也可以把临时不用的代码注释掉，已备后续使用，在调试程序中时经常用到。

（2）标识符和关键字

Python中标识符和关键字与其他高级语言类似。Python语言规定，标识符由字母、数字和下划线组成，并且只能以字母或下划线开头的字符集合，在使用标识符时应该注意以下几点：

① 标识符区分字符大小写。

② Python系统中已用的关键字不能作为标识符。

③ 在Python中下划线有特殊含义，尽量避免使用下划线开头的标识符。

④ 标识符命名遵循见名知义的普遍原则。

Python的标准库提供了一个keyword模块，导入该模块可以输出当前Python版本的所有关键字，具体操作如下：

```
>>> import keyword
>>> keyword.kwlist
['False', 'None', 'True', 'and', 'as', 'assert', 'async', 'await', 'break', 'class', 'continue', 'def',
'del', 'elif', 'else', 'except', 'finally', 'for', 'from', 'global', 'if', 'import', 'in', 'is', 'lambda', 'nonlo-
cal', 'not', 'or', 'pass', 'raise', 'return', 'try', 'while', 'with', 'yield']
```

（3）换行与缩进

一般情况下，Python一条语句占用一行，只有当一行语句太长时需要换行显示，在Python中使用符号"\"作为换行符，举例如下：

```
>>> print("青岛科技大学,\
信息科学技术学院欢迎您!")    #一条语句通过续行,占用两行,回车输出
青岛科技大学,信息科学技术学院欢迎您!
```

上面例子通过换行符把一条语句分为两行输出显示，实际上还是一条语句。另外在Python中用[]与{}分行时，不使用换行符"\"也能起到换行输出显示的效果。举例如下：

```
>>> print(["青岛科学大学",
"信息学院","热烈欢迎您!!"])
['青岛科学大学', '信息学院', '热烈欢迎您!!']
```

缩进在大部分计算机高级语言代码中是为了体现代码的简洁性和结构性，不是必须的要求，但是在Python中缩进是非常必要的，因为Python代码的缩进反映程序的逻辑结构，所以一定要注意严格、合理地使用缩进，并且满足代码所要求的结构。举例如下：

```
s=i=0
while True:      #下面代码通过缩进,确定循环体范围
    s=s+i
    i+=1
    if i>100:
        break    #循环体结束
print("s=",s)     #因为缩进说明该语句与上面while语句是并行的
```

该示例中，while True下面的四行代码（三条语句）都是循环体，均具有相同的缩进。print语句另起下一行没有缩进，所以不属于循环体，只有当循环结束后才执行print语句输出最终结果。

2. 变量、数据类型和运算符

在计算机中,操作的对象是各种数据,运算符是用来对数据进行各种运算的,由数据和运算符等组成的式子称为表达式,Python语句就是由各种表达式组成的。

(1)变量

变量就是值可以变化的量,是编程中最基本的单元,变量暂时引用用户需要存储的数据。

例如,对于 s=0,其中 s 是变量名,即标识符,0 是数据(值),通过赋值符(=)将数据 0 与变量名 s 建立关系,Python 中变量不需要预先定义类型,而且可以在使用中随时改变变量的类型,举例如下:

```
>>> s=18        #把18赋值给变量s,同时确定s的类型
>>> type(s)
<class 'int'>      #int是整型
>>> s="Qingdao"
>>> type(s)
<class 'str'>      #str是字符串型
```

(2)数据类型

一般来说,在高级语言中,计算机要处理的数据均具有特定的数据类型,在 Python 中为不同的数据指定了不同的数据类型,如图 2-1 所示。

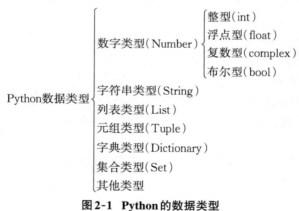

图 2-1 Python 的数据类型

从图 2-1 中可以看出,Python 的数据类型分为数字类型(int,float,complex,bool)、字符串类型、列表类型、元组类型、字典类型和集合类型等。

(3)运算符

运算符是用来对变量或者数据进行操作的符号,也称为操作符,在 Python 中运算符根据其功能可以划分为算术运算符、赋值运算符、关系运算符、逻辑运算符、位运算符和特殊运算符等。

① 算术运算符。算术运算符用来处理算术运算,除了传统的加减乘除运算符之外,还有取余、取整和幂运算符等,具体如表 2-1 所示。

表2-1 算术运算符

运算符	说明	举例	运算结果
＋	加法	20＋11	31
－	减法	20－11	9
*	乘法	20*11	220
/	除法	20/11	1.8181818181818181
**	幂运算	20**11	204800000000000
//	取整	20//11	1
％	取余数	20％11	9

② 赋值运算符。在学习Python语言的过程中,经常使用赋值运算,赋值运算符"＝"不是传统意义上的等号,而是将表达式的值或者引用赋给一个变量的过程,举例如下:

>>> x＝5　　#赋值
>>> y＝x＋2
>>> a＝b＝"Qingdao"
>>> w＝k＝25
>>>x,y,a,b,w,k
(5,7,'Qingdao','Qingdao',25,25)
>>> x1,x2,x3＝11,"QUST",True　　#同时给多个变量赋值不同的值
>>> x1,x2,x3
(11, 'QUST', True)

除了"＝"赋值符之外,还有几种特殊的赋值运算符,具体用法如表2-2所示。

表2-2 复合赋值运算符

运算符	说明	举例
＋＝	加等于	x＋＝y等价于x＝x＋y
－＝	减等于	x－＝y等价于x＝x－y
*＝	乘等于	x*＝y等价于x＝x*y
/＝	除等于	x/＝y等价于x＝x/y
**＝	幂等于	x**＝y等价于x＝x**y
//＝	取整等于	x//＝y等价于x＝x//y
％＝	取余等于	x％＝y等价于x＝x％y

举例如下:

>>>x,y＝3,2
>>> x＋＝y　　#相当于x＝x＋y
>>> x
5

③ 关系运算符。关系运算也称为比较运算,关系运算的值一般是逻辑值,关系运算对应的关系表达式可以用作判别条件,关系表达式常常在条件语句或者循环语句中使用。在Python中关系运算的结果为真则值为True,否则返回False,关系运算符如表2-3所示。

表2-3　关系运算符

运算符	说明	举例	运算结果
==	等于	7==5	False
!=	不等于	7!=5	True
>	大于	7>5	True
>=	大于等于	7>=5	True
<	小于	7<5	False
<=	小于等于	7<=5	False

举例说明如下:

```
>>>print(7==5,7!=5,7>5,7>=5)
False True True True
>>>print(7<5,7<=5,5<7,5<=7,5==4+1)
False False True True True
>>> print(1==True,0==False,0.0+0.0j==False)　#注意等价值
True True True
>>> print(5==True,-5==False)
False False
```

在Python中,1、1.0与True进行"=="运算后结果为True,0、0.0、0.0+0.0j与False进行"=="运算后,结果也为True。

④ 逻辑运算符。逻辑运算有著名的三剑客:逻辑与、逻辑或和逻辑非运算,逻辑运算的结果是逻辑值:True或False。逻辑运算常常出现在条件语句和循环语句中,Python中的逻辑运算符与说明如表2-4所示。

表2-4　逻辑运算符

运算符	说明	举例	运算结果
and	逻辑与运算	a and b	只有当a和b均为True,结果为True
or	逻辑或运算	a or b	只要当a和b的值至少有一个为True,结果为True
not	逻辑非运算	not a	若a的值为True,则not a的值为False,反之亦然

逻辑运算应用举例如下:

```
>>>print(0 and 1)
0
>>>print( 1 and 2)
2
```

```
>>>print(0 or 2)
2
>>>print(True and 1)
1
>>>print(True and 2)
2
>>>print(False and 1)
False
>>>print((4<=6) and (5>=2))
True
>>>print(not 1)
False
>>>print(not 0)
True
>>>print(True and False)
False
>>>print(True and True)
True
>>>print(True or False)
True
```

⑤ 位运算符。位运算符是指对二进制位从低位到高位对齐后进行运算,位运算一般可以完成一些系统底层的程序设计,Python程序涉及计算机底层的技术不多,但是位运算具有一些特殊效果的功能,还是需要了解一点的。常用的位运算符一共有6个,如表2-5所示。

表2-5　位运算符

运算符	说明	举例	运算结果
&	按位与	a&b	返回a与b对应的二进制按位与操作后的结果
|	按位或	a|b	返回a与b对应的二进制按位或操作后的结果
^	按位异或	a^b	返回a与b对应的二进制按位异或操作后的结果
~	按位取反	~a	返回a对应的二进制数按位取反后的结果
<<	向左移位	a<<b	将a对应的二进制的每一位左移b位,右边移空部分补0
>>	向右移位	a>>b	将a对应的二进制的每一位右移b位,左边移空部分补0

位运算符的使用举例如下:

```
>>>x,y=8,9      #赋值
>>> print(bin(x),bin(y))
0b1000 0b1001
>>> print(bin(x&y),bin(x|y),bin(x^y),bin(~x),bin(x<<2),x<<2,bin(x>>
2),x>>2)
```

0b1000 0b1001 0b1 -0b1001 0b100000 32 0b10 2

>>> 8<<2,8>>2

(32,2)

⑥ 特殊运算符。除了上述几种运算符之外,Python中还有一些特殊用处的运算符,如成员运算符、身份运算符,下面分别介绍这两个运算符的应用。

成员运算符主要用于判断指定序列中是否包含某个具体的值,具体用法如表2-6所示。

表2-6　成员运算符

运算符	说　明
in	如果在指定序列中找到某一个值,则返回True,否则返回False
not in	如果在指定序列中找到某一个值,则返回False,否则返回True

成员运算符使用举例如下:

>>> 11=list(range(1,11))

>>> 11

[1, 2, 3, 4, 5, 6, 7, 8, 9, 10]

>>>print(8 in 11,80 in 11)

True False

>>>print(11 not in 11,7 not in 11)

True False

>>> str1="Qingdao"

>>>print('a' in str1,'W' in str1)

True False

如何判别两个标识符是否引用同一个对象,可以使用身份运算符完成判别,身份运算符具体用法如表2-7所示。

表2-7　身份运算符

运算符	说　明
is	如果两个标识符引用同一个对象,则返回True,否则返回False
is not	如果两个标识符引用同一个对象,则返回False,否则返回True

身份运算符应用举例如下:

>>> x=y=5　　　#注意赋值结合方向,从由向左

>>>print(x is y,x is not y)

True False

>>> y=10

>>>print(x is y,x is not y)

False True

>>>a,b=10,10

>>>print(a is b,a is not b)

True False
>>> b=20
>>> print(a is b, a is not b)
False True

（4）运算符的优先级

传统的算术运算中"先乘除，后加减"是大家比较熟悉的概念，运算符的优先级是指在一个表达式中多种运算符参与运算时，需要优先计算哪个运算符，如果运算符的优先级相同，则根据结合方向进行计算。Python 中运算符的优先级按照从高到低的顺序如表 2-8 所示。

表 2-8　Python 运算符的优先级

运算符	说　明
（　）	括号运算符可以根据需要确定运算优先级
**	幂运算（乘方运算）
~	按位取反
*、/、%、//	乘、除、取余、整除
+、−	加、减
<<、>>	左移、右移
&	按位与
^	按位异或
|	按位或
<=、<、>、>=、==、!=	关系运算符，按实际顺序
=、%=、/=、//=、*=、**=、+=、-+	赋值运算符，按实际顺序
is、is not	身份运算符
in、not in	成员运算符
not	逻辑非运算符
and	逻辑与运算符
or	逻辑或运算符

注意，在实际应用中，如果不能确定某个运算符的优先级，应该使用括号来确定实际需要的运算优先方向，另外使用括号也能够使表达式结构更加清晰，提高代码的可读性。

3. Python 对象

对象是 Python 的基本概念。在 Python 中，各种数据类型均是对象，即一切皆是对象。特别要注意的是生成器对象和类对象的概念。

（1）生成器对象

生成器对象包括生成器表达式对象和生成器函数对象。生成器表达式也称为生成器推导式,生成器表达式是按需计算的(不是一次计算出所有结果,是逐步计算,是惰性的),其运算结果是一个生成器对象,生成器对象类似于迭代器对象。这两个特殊对象需要特别注意其用法。

(2) 类对象

在面向对象程序设计中,定义一个类(class)之后,通过类的实例化,即可以创建一个类对象,有关类和对象的概念、相互关系以及Python面向对象的程序设计知识,这里就不赘述了。

(3) 惰性求值

惰性求值与函数式编程是Python的两个亮点。在Python程序设计的学习过程中遇到的惰性求值包括两个含义:

① 短路惰性求值。在Python中,逻辑运算符and、or和语句if-else等都是非严格的,并且其运算具有截止性,有时也称之为"短路"运算符,因为它们不需要计算全部参数就能得到最终结果。

举例如下:

```
>>> x=5
>>> y=6
>>> z=4
>>> t1=(x>5) and (y>4)
>>> t1
False    #输出结果
>>> if (x>y) and (y>z): #x>y不成立,后面的(y>z)就不需要运算了
    print(x,"为最大值! ")
else:
    print(x,"肯定不是最大值! ")
x肯定不是最大值! #输出结果
```

执行上面的代码时,如果and运算符左边的表达式值为False,就不会对右边的表达式求值,这种情况称为短路截止;只有当左边的表达式值为True时,才会继续对右边的表达式求值。

② 生成器惰性求值。生成器惰性求值是真正意义上的惰性求值,Python的生成器表达式和生成器函数均是惰性的。在求值时,这些表达式不会马上计算出所有的可能结果,而且求值是依次逐个完成。如果不把计算过程显式打印出来,很难看到惰性求值的结果,对于这些惰性求值可以使用next()函数或者__next__()方法一个一个地取值。

通过惰性求值可以优化代码结构,提高程序运行的整体效率。

2.2　内　置　函　数

Python 中函数一般可以分为内置函数、标准库函数、扩展库函数和自定义函数等。Python 是函数式的编程语言，函数的概念非常重要，函数的应用也非常广泛。

关于内置函数详解官方文档，可以通过下面的链接查看：https://docs.python.org/3/library/functions.html?highlight=built#ascii。

Python 内置函数一般可以分为以下几类：① 算术运算类操作函数；② 集合类操作函数；③ 逻辑判断类操作函数；④ 反射类操作函数；⑤ I/O 类操作函数；⑥ 其他类操作符函数。

Python 内置函数，也称内部函数或内嵌函数，所谓内置函数就是 Python 系统环境安装后，可以直接使用，不需要使用 import 语句导入的函数。对于内置函数，一般都是因为使用频率比较频繁的操作，所以通过内置函数的形式提供出来，方便用户使用。通过对 Python 的内置函数分类分析可以看出来：基本的数据操作就是一些数学运算（当然除了加减乘除）、逻辑操作、集合操作、基本 I/O 操作，然后就是对于语言自身的反射操作，另外字符串操作，也是比较常用的，这其中尤其需要注意的是反射操作。

在 Python IDLE 环境下可以查看 Python 有哪些内置函数。步骤如下：

① 首先打开 Python 自带的集成开发环境 IDLE。

② 然后直接输入"dir(__builtins__)"，需要注意的是，builtins 左右两边的下划线都是两个。

③ 回车之后就可以看到 Python 所有的内置函数。

④ 接下来学习第二种查看 Python 内置函数的方法，直接在 IDLE 中先输入"import builtins"，然后再输入"dir(builtins)"。

Python 内置函数比较多，下面重点介绍几个常用的内置函数。

1. 求值函数 eval( ) 与求整数函数 int( )

eval( ) 函数主要功能是求值，即对一个字符串表达式进行求值操作，而且具有计算功能，返回所求值的结果或者抛出异常提示，举例如下：

```
>>>eval("123")
123
>>>eval("1+2+3")
6
>>>eval("2.5")
2.5
>>>eval("2.5+3.5")
6.0
>>> eval("2a")
```

　　　　SyntaxError: unexpected EOF while parsing　　　#异常提示信息
　　int()函数是把一个数转换为整数输出,操作的对象可以是一个数、数值表达式或者全部由数字组成的字符串,结果输出整数,不执行四舍五入规则。
　　　　>>>int("123")
　　　　123
　　　　>>>int(12.6)
　　　　12
　　　　>>>int("123.56")
　　　　ValueError: invalid literal for int() with base 10: '123.56'
　　　　>>>int(1+2*6+3.7)
　　　　16
　　在实际使用中,需要注意eval()函数和int()函数之间的区别。

2. map()函数与zip()函数的使用

（1）map()函数

　　map()函数是Python内置的高阶函数,它接收一个函数f()和一个列表list,并通过把函数f()依次作用在列表list的每个元素上,得到一个新的列表并返回。

　　map()函数的语法格式如下:

　　　　map(function,iterable,……)

　　其中参数的含义:

① function:函数。

② iterable:一个或多个序列。

应用举例如下:

```
>>> def f(x):        #自定义函数f()
    s=1
    for i in range(1,x+1):
      s=s*i
    return s
>>> print(map(f,[1,2,3,4,5]))        #使用自定义函数f()
<map object at 0x000001745B2B0910>
>>> print(list(map(f,[1,2,3,4,5])))
[1, 2, 6, 24, 120]
>>> object1=map(f,[1,2,3,4,5])
>>> list(object1)
[1, 2, 6, 24, 120]
>>> tuple(object1)
()
>>> object1=map(f,[1,2,3,4,5])
```

```
>>> tuple(object1)
(1, 2, 6, 24, 120)
```

（2）zip()函数

zip()函数主要作用是把两个对象组合成一个新的对象,zip()函数的格式为:

```
zip([iterable,……])
```

其中,参数 iterable 为可迭代的对象,并且 zip()函数可以有多个参数。该函数返回一个以元组为元素的列表,其中第 i 个元组包含着每个参数序列的第 i 个元素。返回的列表长度被截断为最短的参数序列的长度。只有一个序列参数时,它返回一个1元组的列表。当没有参数时,它返回一个空的列表。

举例如下:

```
>>> x=[1,2,3]
>>> y=[4,5,6]
>>> z=zip(x,y)
>>> z
<zip object at 0x000002C36ACDC780>
>>> list(z)
[(1,4), (2,5), (3,6)]
>>> x=[7,8,9]
>>>y=zip(x)
>>> y
<zip object at 0x000002B677087CC0>
>>> list(y)
[(7,), (8,), (9,)]
```

（3）map()函数与zip()函数相组合

map()函数和zip()函数的组合使用,能够产生意想不到的效果,举例如下:

```
>>> a=[4,5,6]
>>> b=[7,9,8]
>>> c=map(list,zip(a,b))
>>> list(c)       #生成新的列表
[[4, 7], [5, 9], [6, 8]]
>>> c=map(list,zip(a,b))
>>> tuple(c)
([4, 7],[5, 9],[6, 8])
>>> d=map(tuple,zip(a,b))
>>> list(d)
[(4, 7),(5, 9),(6, 8)]
```

3. 基本输出函数 print( )

print( )函数是基本的输出内置函数,格式多样灵活,可以与 Python 字符串的格式化结合灵活使用。该函数的语法如下:

　　　print(*objects,sep=′′,end='\n',file=sys.stdout,flush=False)

其中参数的含义:

- objects:复数,表示可以一次输出多个对象。输出多个对象时,需要用“,”分隔。
- sep:用来间隔多个对象,默认值是一个空格。
- end:用来设定以什么结尾。默认值是换行符\n,我们可以换成其他字符串。
- file:要写入的文件对象。
- flush:输出是否被缓存,通常决定于 file,但如果 flush 关键字参数为 True,流会被强制刷新。

需要说明的是,print( )函数无返回值。

应用举例如下:

```
>>>x,y,z=1,2,3
>>> print("x=",x,"y=",y,"z=",z)        #传统格式
x=1 y=2 z=3
>>> print("x=%d,y=%d,z=%d"%(x,y,z))        #%格式
x=1,y=2,z=3
>>> print("x={},y={},z={}".format(x,y,z))        #format格式
x=1,y=2,z=3
>>> print(f'x={x},y={y},z={z}')        #f-string格式
x=1,y=2,z=3
```

另外,print( )函数的应用非常广泛,在实际使用过程中,需要逐步掌握其应用规律。

2.3　高　阶　函　数*

1. 高阶函数概念

在 Python 中,所谓高阶函数,就是一个函数可以作为参数传给另外一个函数;或者一个函数的返回值为另外一个函数(若返回值为该函数本身,则为递归),满足其中之一就为高阶函数。高阶函数功能强大,比较难以理解,对于初学者有点难度。

（1）参数为函数

先定义一个函数,然后再定义第二个函数,该函数的参数为第一个函数,并且在第二个函数体内调用第一个函数,最后是调用第二个函数,运行输出结果。

举例如下:

```
def xueyuan():      #定义第一个函数
    print("我在信息学院！")
def xuexiao(function1):      #定义第二个函数
    function1()
    print("我在青岛科技大学！")
xuexiao(xueyuan)
```

运行结果如下：

我在信息学院！

我在青岛科技大学！

（2）返回值为函数

该类型高阶函数的意思就是定义两个函数，其中第二个函数的参数是函数，并且第二个函数的返回值也是函数。

举例如下：

```
def xueyuan():      #定义第一个函数
    print("我在信息学院！")
def xuexiao(function1):      #定义第二个函数
    print("我在青岛科技大学！")
    return xueyuan      #返回值为函数
ret1=xuexiao(xueyuan)
ret1()
```

运行结果：

我在青岛科技大学！

我在信息学院！

（3）Python常用内置高阶函数

Python中有4个常用的内置高阶函数，分别是map()函数、reduce()函数、filter()函数和sorted()函数。下面简单介绍一下reduce()函数和filter()函数的用法。

① reduce()函数。reduce()函数在Python 3之前一直是内置的一个高阶函数，在Python 3中，reduce()函数已经从全局名字空间里被移除，它现在被放置在functools模块里，如果想要使用它则需要通过导入functools模块来调用reduce()函数，即reduce()函数已经不是内置函数，而是一个标准库中的函数了。

reduce()函数接收的参数和map()函数类似，一个参数是函数f()，一个参数是列表(list)，但其行为和map()函数不同，reduce()传入的函数f()必须接收两个参数，reduce()函数对列表(list)中的每个元素反复调用函数f()，并返回最终结果值。举例如下：

```
>>> from functools import reduce
>>> def adds(x,y):
        return x+y
>>> list1=list(range(1,11))
>>> print(reduce(adds,list1))
```

```
55
>>> print(reduce(adds,list1,100))
155
```

其中,adds()函数接收两个参数,返回x和y的和,在调用reduce(adds,list1)时,reduce()函数将做如下计算:

- 先计算头两个元素adds(1,2),结果为3。
- 再把计算结果和第3个元素传给adds(3,3),结果为6。
- 再把计算结果和第4个元素传给adds(6,4),结果为10。
- 再把计算结果和第5个元素传给adds(10,5),结果为15。
- 再把计算结果和第6个元素传给adds(15,6),结果为21。
- 再把计算结果和第7个元素传给adds(21,7),结果为28。
- 再把计算结果和第8个元素传给adds(28,8),结果为36。
- 再把计算结果和第9个元素传给adds(36,9),结果为45。
- 再把计算结果和第10个元素传给adds(45,10),结果为55。

所以第一次输出结果为55。

reduce()函数还可以接收第3个可选参数,作为计算的初始值。如果把初始值设为100,计算:

```
reduce(adds,list1,100)
```

计算结果变为55+100=155,所以第二次输出结果最终为155。

② filter()函数。filter()函数可以称为过滤函数,它接收一个函数f()和一个列表(list),这个f()函数的作用是对每个元素进行判断,返回逻辑值True或False。filter()函数根据判断结果自动过滤掉不符合条件的元素,返回由符合条件元素组成的新的列表。

例如,要从一个列表中删除所有小于0的数,只保留大于0的数,首先要编写一个判断大于0的函数,具体如下:

```
>>> list1=[1,-6,21,3,-4,0,5,6,-7,100]
>>> def is_judge(x):      #定义判断函数
      if (x>0):
         return x
>>> list2=list(filter(is_judge,list1))   #filter()参数为上面定义的函数
>>> print(list2)       #输出结果
[1, 21, 3, 5, 6, 100]
```

使用filter()函数,可以完成很多有用的功能,例如可以用来删除列表中的None或者空字符串,感兴趣的同学可以自行深入学习,这里就不再赘述了。

第3章 Python序列

3.1 基 础 知 识

1. 序列

所谓序列,指的是一块可存放多个值的连续内存地址空间,这些值按一定顺序排列,可通过每个值对应所在位置的编号(称为索引)访问其中的元素。

为了更形象地认识序列,可以将序列看作一家旅店,那么店中的每个房间就如同序列存储数据的一个个内存空间,每个房间所特有的房间号就相当于索引值。也就是说,通过房间号(索引)我们就可以找到这家旅店(序列)中的每个房间(内存空间)了。

在Python中,序列类型包括字符串、列表、元组、集合和字典,这些序列支持以下几种通用的操作。但比较特殊的是,集合和字典不支持索引、切片、相加和相乘操作。

字符串也是一种常见的序列,它也可以直接通过索引访问字符串内的字符。

(1) 序列索引

序列中,每个元素都有属于自己的编号(索引)。从起始元素开始,索引值(从左向右)从0开始递增,如表3-1所示。

表3-1 序列正向索引值示意

元素	元素1	元素2	元素3	元素4	……	元素n
索引(下标)	0	1	2	3	……	$n-1$

此外,Python还支持索引值是负数的访问,此类索引是从右向左计数的,换句话说,就是从最后一个元素开始计数,从索引值-1开始,如表3-2所示。

表3-2 序列负向索引值示意

元素	元素1	元素2	元素3	……	元素$n-1$	元素n
索引(下标)	$-n$	$-(n-1)$	$-(n-2)$	……	-2	-1

值得注意的是,在使用负值作为序列中各元素的索引值时,是从-1开始,而不是从0开始,在实际应用中要加以区别。

无论是采用正索引值,还是负索引值,都可以访问序列中的任何元素。以字符串为例,

访问"Python教学辅助系统"的首部元素和尾部元素,举例如下:

```
>>> str1="Python教学辅助系统"
>>> str1[0],str1[-12]  #分别使用正索引和负索引
('P', 'P')
>>> str1[11],str1[-1]     #分别使用正索引和负索引
('统','统')
```

（2）序列切片

通过下标可以访问序列中的元素,切片操作是访问序列中元素的另外一种方法,它可以访问一定范围内的元素,通过切片操作,能够生成一个新的序列。

对于序列实现切片操作的语法格式如下:

```
sequencename[start: end: step]
```

其中参数的含义:

• sequencename:表示序列的名称。

• start:表示切片开始索引的位置(包括该位置),如果不指定,则默认为0,也就是从序列的开头进行切片。

• end:表示切片结束索引的位置(不包括该位置),如果不指定,则默认为序列的长度。

• step:表示在切片过程中,相隔几个存储位置(包含当前位置)取一次元素。也就是说,如果step的值大于1,则在进行切片取序列元素时,会"跳跃式"地取元素;如果不指定,则默认为1;如果省略设置步长step的值,则最后一个冒号就可以省略。

举例如下:

```
>>> str1="QUST青岛科技大学"
>>> print(str1[:2],str1[::2])       #观察位置和返回值
QU QS青科大
>>> print(str1[:])
QUST青岛科技大学
>>> print(str1[::])
QUST青岛科技大学
>>> print(str1[::-1])
学大技科岛青TSUQ
```

（3）序列相加

在Python中,两种类型相同的序列可以使用"+"运算符做相加操作,能够将两个序列连接起来,但是不能自动去除重复的元素。

这里所说的"类型相同",指的是"+"运算符的两侧序列要么都是列表类型,要么都是元组类型,要么都是字符串,但不能是集合类型。

举例如下:

```
>>> list1=[1,2,3,4,5]
>>> list2=[3,4,5,6,7]
>>> list1+list2     #加号实现列表的连接
```

[1, 2, 3, 4, 5, 3, 4, 5, 6, 7]

（4）序列相乘

在Python中，一个序列乘以数字n会生一个成新的序列，其内容为原来序列被重复n次的结果。

举例如下：

```
>>> str1="青岛科技大学"
>>> str2=str1*3     #重复三次
>>> str2
'青岛科技大学青岛科技大学青岛科技大学'
>>> list1=[1,2,3]
>>> list2=list1*3
>>> list2
[1, 2, 3, 1, 2, 3, 1, 2, 3]
>>> tuple1=(1,2,3)
>>> tuple2=tuple1*3
>>> tuple2
(1, 2, 3, 1, 2, 3, 1, 2, 3)
>>> set1={1,2,3}
>>> set2=set1*3
TypeError: unsupported operand type(s) for *: 'set' and 'int'
```

2. 与序列相关的内置函数

Python提供了几个内置函数，这些函数可用于实现与序列相关的一些常用操作，如表3-3所示。

表3-3 序列相关的内置函数

函数	功能
len()	计算序列的长度，即返回序列中包含多少个元素
max()	找出序列中的最大元素
min()	找出序列中的最小元素
list()	将序列转换为列表
str()	将序列转换为字符串
sum()	计算序列中的所有元素之和。注意，对序列使用sum()函数时，做累加和操作的必须都是数字，不能是字符或字符串，否则该函数将抛出异常，因为解释器无法判定是要做连接操作（+运算符也可以连接两个序列），还是做累加和操作
sorted()	对序列中的所有元素进行排序
reversed()	对序列中的所有元素进行逆序
enumerate()	将序列组合为一个索引序列，多用在for循环中

举例如下：

```
>>> str1="青岛科技大学"
>>> str2="www.qust.edu.cn"
>>> print(min(str1),max(str1))
大 青
>>> print(min(str2),max(str2))
. w
>>> print(sorted(str1))
['大', '学', '岛', '技', '科', '青']
>>> print(sorted(str2))
['.', '.', '.', 'c', 'd', 'e', 'n', 'q', 's', 't', 'u', 'u', 'w', 'w', 'w']
>>> print(len(str1))
6
```

3.2　列表解析式

列表解析是Python语言迭代机制的一种应用，通常用来实现创建一个新的列表。列表解析式简化了程序设计的代码量，并且增强了代码的可读性，使代码在内部做了优化，不会因为简写而影响效率，反而提高了效率。

1. 列表解析式的语法

列表解析式的语法格式：

[返回值 for 元素 in 可迭代对象 if 条件]

列表解析式用中括号[]表示，其内部是for循环，if条件语句可选择使用，列表解析式运算返回一个新的列表。

列表解析式是一种语法糖[1]，编译器会对其进行优化，并且不会因为简写形式而影响效率，反而因优化提高了效率。减少了程序员的工作量，减少了出错，简化了代码，而且增强了可读性。

2. 应用举例

如果要生成一个列表，元素为1~10，然后对每一个元素自增1后求平方值，然后返回新列表。下面看不用列表解析式和使用列表解析式的代码异同。

① 不使用列表解析式：

```
>>> list2=list(range(1,11))        #使用list()函数
```

---

① 说明：语法糖就相当于汉语中的成语，即用更简练的言语表达较复杂的含义。在得到广泛接受的情况之下，可以提升交流的效率。

```
>>> list1=[]
>>> for i in list2:
    list1.append(i*i)
>>> list1
[1, 4, 9, 16, 25, 36, 49, 64, 81, 100]
```

② 使用列表解析式:

```
>>> list1=[i*i for i in range(1,11)]
>>> list1
[1, 4, 9, 16, 25, 36, 49, 64, 81, 100]
```

列表表达式的组合形式应用举例:

```
>>> list3=[[a,b] for a in "ABCDE" for b in range(1,6)]
>>> list3
[['A', 1], ['A', 2], ['A', 3], ['A', 4], ['A', 5], ['B', 1], ['B', 2], ['B', 3], ['B', 4], ['B', 5], ['C', 1],
['C', 2], ['C', 3], ['C', 4], ['C', 5], ['D', 1], ['D', 2], ['D', 3], ['D', 4], ['D', 5], ['E', 1], ['E', 2],
['E', 3], ['E', 4], ['E', 5]]
```

列表解析式是创建列表的一种高级形式,使用灵活方便,功能强大,在实际的程序设计中应用非常广泛,需要认真掌握列表解析式的使用方法,提高程序设计水平。

3.3　生成器表达式

生成器表达式的目的并不是真正地创建数字列表,而是返回一个生成器对象,该生成器对象在每次计算出一个项目后,把这个项目"生产"(yield)出来。生成器表达式使用了"惰性计算"或称作"延时求值"的机制,这种机制可以提高运算的响应速度。如果一个序列过长,并且每次只需要获取一个元素时,应该考虑使用生成器表达式而不是列表解析式。生成器就是迭代器,生成器的特点和迭代器是一样的。其特点有节省内存、惰性机制、只能向前。

在 Python 中有三种方式获取生成器,分别是:通过生成器函数来实现生成器;通过各种推导式来实现生成器;通过数据的转换也可以获取生成器。

1. 生成器表达式语法

生成器表达式语法结构有两种。

格式一:

(expression for iterval in iterable)

(返回值　for　元素　in　可迭代对象)

格式二:

(expression for iterval in iterable if cond_expr)

(返回值　for　元素　in　可迭代对象　if　条件)

把列表解析式的中括号换成小括号()就是一个生成器表达式,运算结果返回一个生成器,生成器也是一个特殊对象,属于一种中间值形式,中间值在Python中就是一种半成品形式,可以通过进一步的加工输出用户所需要的数据结构。

应用举例如下:

```
>>> g1=(i*i for i in range(1,11))    #将生成器对象赋给一个变量g1
>>> g1    #输出生成器对象
<generator object <genexpr> at 0x0000025C67E73BA0>
>>> print(list(g1))    #使用生成器对象创建列表并输出
[1, 4, 9, 16, 25, 36, 49, 64, 81, 100]
>>> print(list(g1))        #生成器对象只能使用一次
[]
```

2. 可迭代对象、迭代器与生成器

(1) 可迭代对象

能够通过迭代一次次地返回不同元素的对象,称为可迭代对象。

所谓不同元素的对象,不仅要看值是否相同,还要看元素在容器中是否是同一个位置。例如,列表中值是可以重复的,比如['a','a'],虽然这个列表只有2个元素,值也是一样的,但是这两个'a'是不同的元素,因为它们的序号是不同的。关于可迭代对象,有以下几个要点:

① 一个对象可以迭代,但未必是有序,并且未必可索引,记住只有有序序列才可索引。

② Python中可迭代对象有:list、tuple、str、bytes、range、set、dict、生成器对象等。

③ 上述可迭代对象中,是有序序列的有:list、tuple、str、bytes。

④ 成员操作符主要有两个:in和not in,其中in本质上作用就是在遍历对象中的每一个元素。

举例如下:

```
>>> 3 in range(10)
True
>>> 3 in (x for x in range(10))
True
>>> 3 in {x:y for x,y in zip(range(4),range(4,10))}
True
```

说明:什么叫作序列? 广义理解,序列是可以进行切片、相加与相乘、索引、成员资格测试(用关键字in、not in关键字判断某个元素在不在这个序列中)的对象;狭义理解,序列是指有序序列。因此,Python中的列表、元组、字符串是典型的有序序列对象类型,集合与字典是广义上的序列,一般情况下,Python语言在可迭代对象中的序列是指有序序列。

(2) 迭代器

迭代器是一种特殊的对象,并且一定是可迭代对象,它具备可迭代对象的所有特征,但是一个可迭代对象却不一定是迭代器。例如,列表list是一个可迭代对象,但不是一个迭代器,可以通过封装把一个可迭代对象转换为一个迭代器。

判断一个可迭代对象是否是迭代器,可以通过next()函数来迭代一个迭代器对象,通过

内置函数iter()把一个可迭代对象封装成迭代器,当迭代器对象从头到尾全都取完一遍值之后,不能再回头取值,如果需要,必须再一次生成该迭代器对象。

(3) 生成器

一个生成器对象一定是迭代器对象,并且是可迭代的;反之,一个迭代器对象却不一定是生成器对象。生成器和迭代器是两个不同的对象,需要明确区分。如何判断一个可迭代器对象是否是一个迭代器,可以使用内置函数next()来判断,只有迭代器才可以使用next()函数取值。

① 判断列表是否是一个迭代器。举例如下:

```
>>> list1=[i**i for i in range(1,11)]
>>> print(next(list1))      #用next()来判断
TypeError: 'list' object is not an iterator
#说明列表不是一个迭代器,只有迭代器才可以使用next()函数取值
```

② 判断一个生成器是否是一个迭代器。判断一个生成器是否是一个迭代器,可以使用内置函数next()进行判断,例如:

```
>>> g1=(i*i for i in range(1,11))      #创建生成器
>>> print(next(g1))
1
>>> print(next(g1))
4
>>> print(next(g1))
9      #通过next()函数判断,说明生成器是一个迭代器
```

③ 判断range对象是否是一个迭代器。range的含义是一定区间或范围,举例如下:

```
>>> r1=range(11)      #0~10
>>> r1
range(0,11)
>>> print(next(r1))
TypeError: 'range' object is not an iterator      #说明range()对象不是迭代器
```

④ 可迭代对象封装为迭代器。使用内置函数iter()可以将一个可迭代对象封装为一个迭代器,列表对象不是迭代器,但可以使用内置函数iter()把列表对象封装为一个迭代器,例如:

```
>>> list1=[i*i for i in range(1,11)]
>>> x=iter(list1)      #将列表对象封装为一个迭代器
>>> next(x)      #可以使用next()函数取值
1
>>> next(x)
4
>>> next(x)
9
```

3. 生成器表达式和列表解析式的区别

（1）生成器表达式的特点

生成器表达式是按需计算（或称惰性求值、延迟计算），即需要的时候才开始计算值，可以简单地理解为，每次向生成器对象中索要一个元素，这个生成器对象才会返回一个元素；返回值是生成器对象，生成器也是迭代器，是可以迭代的；运算返回的生成器如果从头到尾遍历所有取值之后，不能再回头第二次取值了。

（2）列表解析式的特点

列表解析式运算是立即返回全部运算值，不需要用内置函数next()逐个取值，并且返回值也是一个可迭代对象，列表对象如果从头到尾完整取值一遍之后，还可以反复取值，而生成器对象只有一次机会。

3.4　序列封包与解包

1. 序列封包

所谓序列封包，就是把多个值赋给一个变量时，Python会自动地把多个值封装成元组并赋值给这个变量，这个过程称为序列封包。序列封包在变量赋值以及创建元组等操作上经常被使用。

举例如下：

```
>>> x=1,2,3,4,5
>>> x
(1, 2, 3, 4, 5)      #封包为一个元组
>>> type(x)
<class 'tuple'>      #返回元组类型
>>> print(x[1:4])    #切片从序号1-3,序列的序号从0开始
(2, 3, 4)
```

2. 序列解包

所谓序列解包，就是把一个序列（列表、元组、字符串等）直接赋给多个变量，此时会把序列中的各个元素按照先后次序依次赋值给每个变量，但是元素的个数和变量个数必须是相等的，这个过程称为序列解包。

举例如下：

```
>>> y=tuple("qust")      #创建一个元组
>>> y
('q', 'u', 's', 't')
```

>>> type(y)

<class 'tuple'>

>>> k1,k2,k3=y　　　#元素的个数和变量个数不相同,序列解包报错

ValueError: too many values to unpack (expected 3)

>>> k1,k2,k3,k4=y　　　#序列解包成功

>>> print(k1,k2,k3,k4)　#输出解包后各个变量值

q u s t

在特定场合需要对序列部分解包,即当只想解出部分元素时,可以在变量的左边加星号"*"标记符,此时该标记变量就会变成一个列表,保存了多个元素,举例如下:

>>> x=list(range(1,11))　　　#创建列表

>>> x

[1, 2, 3, 4, 5, 6, 7, 8, 9, 10]

>>> y1,y2,y3,*y4=x　　　#y4部分解包

>>> print(y1,y2,y3)　　　#输出部分解包

1 2 3

>>> print(y4)　　　#输出部分解包

[4, 5, 6, 7, 8, 9, 10]

第4章 Python 程序结构

Python 程序的控制结构和其他高级语言一样,有顺序结构、分支结构(选择结构)和循环结构,但 Python 程序设计的风格主要体现在函数式编程上,Python 程序的逻辑结构是通过缩进来严格控制的,在实际程序设计过程中需要认真掌握。

4.1 基 础 知 识

1. 条件表达式

条件表达式是执行选择或者循环语句时的判别条件,决定了程序运行的执行方向。在 Python 中,其条件表达式与其他高级语言相似,条件表达式的值有 True(真)和 False(假)两种。关于条件表达式归纳如下:

(1) 等价值

Python 程序语言特别指定任何非 0 和非空(null)的值为 True,0 或者 null 的值为 False,也就是 Python 中条件表达式的结果除了 True 和 False 之外,还有其他对应的等价值。另外等价值在 Python 的条件判断中也被广泛应用。

(2) 惰性求值

Python 条件表达式的求值遵循"惰性求值"的规则,具体来说就是对于 and(逻辑与)运算求值,只要有一项是 False,则后续的运算可以省略;如果为 True,则必须求值到最后一项;对于 or(逻辑或)运算,只要有一项值是 True,后续的运算则可以省略。

举例如下:

```
>>> (5>6) and (7>3)    #第一项(5>6)求值为 False 后,后续运算可省略
False
>>> (5>4) or (7>8)     #第一项(5>4)求值为 True 后,后续运算可省略
True
>>> (5>7) or (7>6)     #第一项(5>7)求值为 False 后,后续运算不能省略
True
```

在具体程序设计过程中,通过合理的设计,结合惰性求值的特点,可以优化程序结构,提高程序的运行效率。

（3）三元组条件语句

三元组条件语句具有独特的应用形式，灵活简洁，其语法格式如下：

[条件为真的结果]　if　条件表达式　else　[条件为假的结果]

举例如下：

```
>>> x=eval(input("输入一个数："))
输入一个数：-55
>>> s=x if x>0 else -x    #这是一个求绝对值的三元组条件语句
>>> print("x=",x,"s=",s)
x= -55 s= 55
```

2. 条件结构

Python条件语句是通过一个或多个表达式的执行结果（True或者False）来决定执行下一步要执行的代码块，主要的条件语句就是 if - else 语句。图4-1就是条件语句的基本流程。

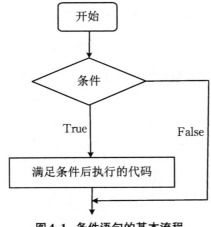

图4-1　条件语句的基本流程

Python条件结构中最常用的是基本双分支 if-else 语句，该语句能够控制程序的执行选择，基本形式为：

```
if判断条件：        #当条件不成立时
    语句块1
[else:              #否则，当条件不成立时
    语句块2]
```

其中判断条件为 True 时（或等价值，如非0），则执行后面的语句块1，执行内容可以是多行语句组成的一个语句块，严格用缩进来区分表示同一范围；当判断条件为 False 时（或等价值，如0），则执行 else 子句里的语句块2。

else 为可选语句，当需要在条件不成立时执行内容，则可以执行相关语句。当没有 else 子句时，则为单分支条件语句，中括号[]表示可选项。

举例如下：

```
x=eval(input("n="))
```

```
if x<0:
    print("输入的数是负数！")
else:
    print("输入的数是个正数或是零！")
```

执行结果：

n＝21

输入的数是个正数或是零！

n＝-7

输入的数是个负数！

可以使用条件语句的嵌套来进一步判定数的类型，如下所示：

```
x＝eval(input("n＝"))
if x<0:
    print("输入的数是负数！")
else:        #下面是嵌套的条件语句，严格缩放控制
    if x==0:
        print("输入的数是零！")
    else:
        print("输入的数是正数！")
```

嵌套的 if-else 语句

执行结果如下：

n＝21

输入的数是正数！

n＝0

输入的数是零！

n＝-8

输入的数是负数！

if语句的判断条件可以使用关系运算符：＞（大于）、＜（小于）、＞＝（大于等于）、＜＝（小于等于）、＝＝（等于）和!＝（不等于）来表示其关系。

当判断条件为多个值时，可以使用if-elif-else多分支语句结构，如下所示：

```
if 判断条件1:
    语句块1……
elif 判断条件2:
    语句块2……
elif 判断条件3:
    语句块3……
else:
    语句块4……
```

举例如下：

```
n＝eval(input("请输入正整数[1-7]:n＝"))
if n==1:
```

```
    print("今天是星期一")
elif n==2:
    print("今天是星期二")
elif n==3:
    print("今天是星期三")
elif n==4:
    print("今天是星期四")
elif n==5:
    print("今天是星期五")
elif n==6:
    print("今天是星期六")
elif n==7:
    print("今天是星期日")
else:
    print("输入的数不符合要求")
```

执行结果如下：

```
请输入正整数[1-7]:n=5
今天是星期五
请输入正整数[1-7]:n=2
今天是星期二
请输入正整数[1-7]:n=-1
输入的数不符合要求
```

由于Python并不支持switch语句，所以有多个条件判断时，只能用elif来实现，如果需要多个条件同时判断时，可以使用or(逻辑或)，表示两个条件有一个成立时，判断条件成功；或者可以使用and(逻辑与)，表示只有两个条件同时成立时，判断条件才成功。

改造上述程序如下：

```
n=eval(input("请输入正整数[1-7]:n="))
if n>=1 and n<=7:
    if n==1:
        print("今天是星期一")
    elif n==2:
        print("今天是星期二")
    elif n==3:
        print("今天是星期三")
    elif n==4:
        print("今天是星期四")
    elif n==5:
        print("今天是星期五")
    elif n==6:
```

```
            print("今天是星期六")
        elif n==7:
            print("今天是星期日")
        else:
            print("输入的数不符合要求")
    else:
        print("你输入的不是1—7之间的数！")
```

执行结果如下：

```
    请输入正整数[1—7]:n=1
    今天是星期一
    请输入正整数[1—7]:n=2.2
    输入的数不符合要求
    请输入正整数[1—7]:n=9
    你输入的不是1—7之间的数！
    请输入正整数[1—7]:n=—3
    你输入的不是1—7之间的数！
```

3. 循环结构

程序在一般情况下是按顺序执行的。编程语言提供了各种控制结构，允许更复杂的执行路径。循环语句允许多次执行一条语句或一个语句块，下面是在大多数编程语言中的循环语句的一般形式（如图4-2所示）：

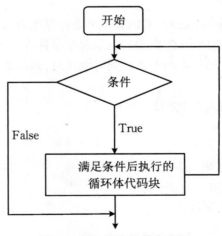

图4-2 循环语句的基本流程

（1）循环类型

Python 提供了 for 循环方式和 while 循环方式，注意在 Python 中没有 do…while 循环，Python 语言循环类型如表4-1所示。

表4-1　Python循环语句类型

循环类型	说明
for循环	在规定范围内重复执行循环体
while循环	当给定的判断条件为True时执行循环体,否则退出循环体
嵌套循环	可以在循环体内嵌套for循环或者while循环,可以相互嵌套

举例如下:

```
i=1
for i in range(3):     #for循环中嵌套了while循环
    j=1
    print("这是第%d行"%i)
    while j<3:
        print("_____")
        j+=1
    print()
```

执行结果如下:

```
这是第0行

_____
_____
这是第1行

_____
_____
这是第2行

_____
_____
```

上述是一个循环嵌套的例子,是for循环里嵌套while循环,该例子还可以有多种嵌套形式。

循环结构在程序设计中占有重要的地位,是一种重要的程序控制结构,在Python中循环结构的语句主要有for循环语句和while循环语句,for循环语句一般用于循环次数确定的场合,而while循环语句既可以用于循环次数确定的场合,也可以用于循环次数不确定的场合,有时候使用while循环可以非常灵活地解决一些问题。

例如,对数值组成的列表进行分类,把奇数和偶数分离出来,分别保存在两个子列表中,并且输出结果,参考代码如下:

```
numbers=[32,56,12,36,7,89,90,66,22,13,39,36]
even=[]
odd=[]
print("----------------")
print("numbers=",numbers)
```

```
    while len(numbers)>0:
        n=numbers.pop()
        if(n%2!=0):
            odd.append(n)
        else:
            even.append(n)
    print("----------------")
    print("even=",even)
    print("----------------")
    print("odd=",odd)
    print("----------------")
```

运行结果如下：

```
----------------
numbers=[32, 56, 12, 36, 7, 89, 90, 66, 22, 13, 39, 36]
----------------
even=[36, 22, 66, 90, 36, 12, 56, 32]
----------------
odd=[39, 13, 89, 7]
----------------
```

无限循环形式也有自己的应用，一般用 while True：或者 while1：等形式实现无限循环。可以在循环体中通过 if 语句判断实现停止循环或跳出循环体等操作。也可以按 Ctrl＋C 强行中断循环，一旦强行中断，系统会捕捉到异常信息。

总之，一般在无限循环语句中均含有满足条件时候的中断循环语句，也就是在无限循环中一般都有退出循环的出口。

① 强行中断循环。举例如下：

```
    var=1
    try:    #异常处理
        while var==1:     #该条件永远为True,循环将无限执行下去
            num=eval(input("Enter a number:"))
            print("You entered:",num)
    except BaseException:     #按Ctrl+C强行退出,捕捉到输入异常
        print("你已经强行中止了,Good bye!")
```

运行结果如下：

```
Enter a number:12
You entered:12
Enter a number:35
You entered:35
Enter a number:66
You entered:66
```

Enter a number:　　　#按 Ctrl＋C 强行中断循环,捕捉到异常,执行异常处理

你已经强行中止了,Good bye!

上面例子说明在无限循环中,强行中断程序的执行系统会启动异常处理(try-except)。这就是无限循环和异常处理的组合使用,增加了程序的健壮性。

② 条件判断退出无限循环。一般使用 if 语句判断条件和 break 语句可以退出无限循环。

举例如下:

```
s=0
while True:
    print("s"+str(s)+"=",s)
    s=s+1
    if s==99999999999999:
        break        #停止循环,退出到循环体之外
print("已经循环了"+str(s)+"次!")
```

(2) break 与 continue 语句

① break 语句。break 语句的意思是提前结束循环,在循环次数没有完成的情况下提前结束循环,退出后接着执行循环下面的语句。

举例如下:

```
s=0
i=1
while True:
    if i<=100:
        s=s+i
        i=i+1
    else:
        break
print("s=",s)
```

② continue 语句。continue 语句的意思是在当前位置结束当前循环(当前位置后面的循环体语句不执行),接着进入下一轮循环。

举例如下:

```
s=0
i=1
while True:
    s=s+i
    i=i+1
    if i<=100:
        continue     #如果 i<=100 条件满足,就提前开始下一轮循环
    break            #一旦 i<=100 条件不满足,就执行 break 退出循环体
print("s=",s)
```

break语句与continue语句的灵活应用,能够提高程序的控制结构,起到画龙点睛的作用,在实际的程序设计中有着重要的应用。

4.2 经 典 案 例

下面通过两个案例来进一步提高对程序控制结构的理解与应用。案例1通过对学生成绩的录入和处理,进一步学习while循环结构与分支结构的结合应用;案例2是一个规定次数的用户登录程序,使用for循环结构与分支结构相结合,设置标志变量flag,通过标志变量的判断输出不同的结果。

案例1 键盘循环输入若干个学生的课程成绩,对这些成绩进行处理,求出总成绩、平均分、最高分和最低分。程序参考代码如下:

```
number,min,max,sum=0,0,0,0
while True:
    score=eval(input("请输入%d位学生的成绩:"%(number+1)))
    if score==-1:
        print("----------------------------")
        print("成绩输入结束！")
        print("----------------------------")
        break
    if score<0 or number>100:
        print("输入成绩不正确,请重新输入！")
        continue
    sum=sum+score
    number+=1
    if score>max:
        max=score
    if score<min:
        min=score
print("----------------------------")
print("最小值=",min,"最大值=",max)
print("----------------------------")
print("总分数=",sum,"平均分=",sum/number)
```

运行结果如下:

```
请输入第1位学生的成绩:85
请输入第2位学生的成绩:75
请输入第3位学生的成绩:67
```

　　请输入第 4 位学生的成绩:98

　　请输入第 5 位学生的成绩:91

　　请输入第 6 位学生的成绩:82

　　请输入第 7 位学生的成绩:79

　　请输入第 8 位学生的成绩:65

　　请输入第 9 位学生的成绩:80

　　请输入第 10 位学生的成绩:90

　　请输入第 11 位学生的成绩:-1

————————————

成绩输入结束!

————————————

————————————

最小值=0　最大值=98

————————————

　　总分数=812　平均分=81.2

案例 2　设定用户登录的五次机会,编写程序实现用户的登录。

问题描述:给用户五次输入用户名和密码的机会,要求如下:

① 如第一行输入用户名为'Kate',第二行输入密码为'666666',输出"登录成功!"后,退出程序。

② 一共有五次机会,若第五次输入的用户名或密码仍不正确,输出"五次输入用户名或密码均有误,系统自动退出!"后,退出程序。

下面给出案例 2 的解决方案的两种参考代码,请大家区分比较。

案例 2 参考代码 1 如下:

```
flag=0
i=1
for chance in range(5):
    username=input("请第"+str(i)+"次输入用户名:")
    psw=input("请第"+str(i)+"次输入登录密码:")
    if username=="QUST" and psw=="keda666":
        flag=1
        break
    else:
        i=i+1
if flag==1:
    print("用户:"+username+"登录成功! ")
else:
    print("五次输入用户名或者密码均有误,系统自动退出! ")
```

执行结果:

　　请第 1 次输入用户名:qust

请第1次输入登录密码:kda
请第2次输入用户名:QUST
请第2次输入登录密码:keda
请第3次输入用户名:QUST
请第3次输入登录密码:keda666
用户:QUST登录成功!

案例2参考代码2如下:

```
count=1
while count<=5:
    username=input("请第"+str(count)+"次输入用户名:")
    psw=input("请第"+str(i)+"次输入登录密码:")
    if username=="QUST" and psw=="keda666":
        print("用户:"+username+"登录成功! ")
        break
    else:
        count+=1
        if count==6:
            print("五次输入用户名或者密码均有误,系统自动退出! ")
```

第5章 Python 函数

5.1 函数的分类

Python 是函数式编程语句,Python 的函数类型丰富,功能强大。Python 函数类型一般有内置函数(也称内嵌函数、内部函数)、标准库函数、扩展库函数、自定义函数和匿名函数5个类型。

1. 内置函数

内置函数在 Python 系统启动后常驻内存,并且可以直接使用,非常灵活方便。需要注意的是,有些内置函数在 Python 高版本中被划分到标准库函数,使用前需要导入。

Python 解释器内置了一些常量和函数,叫作内置常量(Built-in Constants)和内置函数(Built-in Functions),如何在 Python IDLE 里得到全部内置常量和内置函数的名字呢? 下面的语句将列出所有内置常量和内置函数。

在">>>"提示符下输入dir(__builtins__),按下回车键(Enter)。如图5-1所示。

图5-1 Python 的内置常量和内置函数

　　另外也可以使用下面的代码,将会有规律地列出所有的内置常量和内置函数,具体如下所示。

```
i=1
for item in dir(__builtins__):
    print("第"+str(i)+"个:",item)
    i+=1
```

执行结果:

　　第1个:ArithmeticError

　　第2个:AssertionError

　　第3个:AttributeError

　　第4个:BaseException

　　第5个:BlockingIOError

　　第6个:BrokenPipeError

　　第7个:BufferError

　　第8个:BytesWarning

　　第9个:ChildProcessError

　　第10个:ConnectionAbortedError

　　……

Python内置函数常驻内存,随时可以直接使用,方便灵活。举例如下:

```
>>> s1="青岛科技大学"
>>> s2="Qingdao"
>>>x,y=len(s1),len(s2)
>>> print(x,y)
6   7     #输出x和y的值
```

其中len()和print()都是内置函数,在程序中随时可以使用。

2. 标准库函数

标准库函数不需要单独安装,启动Python后使用import导入到内存即可使用。import导入函数的两种格式:

① import module_name。其中,module_name为模块名,即import后直接用模块名,并且不可省略。调用时候需要使用的语法格式是:

　　模块名.对象名

举例如下:

```
>>> import math
>>>cos(30)
NameError: name 'cos' is not defined
>>>math.cos(30)     #求余弦函数值,需要使用模块名.对象名的调用格式
0.15425144988758405
```

② from module_name import objectname。其中，objectname 为对象名，从模块中导入一个具体的对象，直接使用对象名就可以参与相关运算。

举例如下：

>>> from math import cos
>>> cos(30)　　#求余弦函数值，直接使用 cos() 函数对象，不需要前缀 math
0.15425144988758405

3. 扩展库函数

扩展库函数与内置函数和标准库函数有所不同。扩展库函数在第一次使用时，必须提前把该扩展库安装到本地系统中，Python 扩展库随 Python 具体版本的不同而有所区别，另外随着 Python 系统的发展，Python 扩展库不断地更新与壮大，应用范围越来越广。

4. 自定义函数

自定义函数是 Python 程序设计的主要功能之一，通过自定义函数可以极大地提高程序设计的水平，提高解决问题的能力，同时也极大地优化了程序结构。

自定义函数定义的语法格式：

```
def functionname(parameters):
    #函数_文档说明
    function_suite    #函数体
    return [expression]   #返回函数值
```

定义一个由自己设定功能的函数，需要遵循一些简单的规则：

- 函数定义以 def 关键词开头，后接函数标识符名称和小括号()，不可省略。
- 任何传入的参数和自变量必须放在小括号内。小括号内用于定义参数。
- 函数的第一行语句可以选择性地使用文档字符串作为注释，用于存放函数说明。
- 函数内容以冒号起始，函数体语句需要遵循缩进要求。
- 函数体的最后一条语句是 return [表达式]，结束函数的执行后，返回表达式值给调用方。不带表达式的 return 语句，相当于给调用方返回 None。

自定义函数的参数可以分为默认值参数、关键参数和可变长参数三个类型。

① 默认值参数。在定义函数时，为形式参数指定一个默认值，这样在参数传递时，可以不用给默认值的参数进行传值，此时函数直接取默认值参数的值；如果传递了该参数的值，则显示替换了默认值参数的值。

② 关键参数。关键参数的主要特点是函数的参数传递方式与函数定义的次序无关，即按照参数名称传递参数，形参与实参的顺序可以不一致，不会影响参数的传递，避免用户需要牢记参数顺序，方便灵活，这也是 Python 的特色之一。

③ 可变长参数。Python 函数的可变长参数有两种形式：

*parameter 和 **parameter

其中，单星号"*"表示用来接收任意多个实参，并将其存放在一个元组中；而双星号"**"类似于关键参数，显示赋值给多个参数并存放在字典中。

举例如下：

```
>>> def output1(*p):
        print("结果:",p)
>>> output1('Q','u','s','t')
结果:('Q', 'u', 's', 't')
>>> output1('A','B',6,'D')
结果:('A', 'B', 6, 'D')
```

上述定义了一个函数 output1()，有一个单星号*可变长参数 p，然后两次调用函数 output1()，每次带有4个参数，观察上述结果。

下面举例说明双星号**可变长参数的使用，举例如下：

```
>>> def output2(**p):
        for item in p.items():
            print(item)
>>> output2(学号="2021202101",姓名="汪小敏",班级="计算机2101")
('学号', '2021202101')
('姓名', '汪小敏')
('班级', '计算机2101')
```

从上述两个例子可以看出，可变长参数灵活性很强，在实际应用中功能强大，很多场合使用可变长参数后，函数能够发挥更加独特的作用。

5. 匿名函数

在程序设计的某些场合不需要正式定义一个函数，但需要一个类似于函数格式的应用，为了满足这种需求，可以采用匿名函数的方法，在 Python 中一般用 lambda 表达式来声明匿名函数。lambda 表达式只可以包含一个类似于函数的表达式，并且也支持默认值参数和关键参数，该表达式的运算结果相当于函数的返回值。

举例如下：

```
>>> result1=lambda x,y,z:x+y+z     #定义一个匿名函数
>>> result1(7,8,9)
24
#定义三个匿名函数
>>> result2=[(lambda x:-1*x),(lambda x:x**2),(lambda x:x**3)]
>>> print("-1*x=",result2[0](2),"x**2=",result2[1](2),"x**3=",result2[2](2))
-1*x=-2 x**2=4 x**3=8
```

注意：在匿名函数(lambda 表达式)中的变量尽量用内部定义的变量，如果变量是在外部作用域中定义的，容易出现意想不到的错误，要注意避免这种情况出现。

5.2　生成器函数

1. 生成器和生成器函数

在 Python 中,一边循环一边计算的机制,称为生成器(Generator),生成器是一个返回迭代器的函数,只能用于迭代操作。

① 生成器是 Python 中的一个对象,对这个对象进行操作,可以依次得到按生成器内部运算产生的数据。

② 生成器函数指的是函数体中包含 yield 关键字的函数(yield 就是专门给生成器用的 return)。

③ 生成器可以通过生成器表达式和生成器函数获取得到。

2. 生成器函数的定义

Python 自定义函数的函数体中有 yield 关键字,则该函数就是生成器函数,也称为 yield 函数。调用生成器函数时,会返回一个生成器对象。生成器函数执行完毕后,再执行之,生成器对象会抛出 StopIteration 异常。

普通的函数用 return 返回结果并且立即结束该函数的执行,而 yield 在返回一个运算值之后则挂起函数,等待下一个生成器对象的 __next__()方法、next()函数或者 for 循环遍历等,按次序索要下一个数据,直到结束。

举例如下:

```
>>> def generator1():      #定义生成器函数
        print('开始')
        yield 1
        print('继续')
        yield 2
        print('再继续')
        yield 3
        print('结束')
>>> result=generator1()
>>> print(result)
<generator object generator1 at 0x0000023AABC43BA0>
>>> res1=result.__next__()      #执行__next__()方法
开始
>>> res1=result.__next__()      #第二次取值
继续
>>> res1=result.__next__()      #第三次取值
```

再继续

>>> res1＝result.__next__()   #第四次取值

结束

StopIteration   #执行结束,最后抛出异常

上面过程很清楚地显示了生成器的执行过程:

① 当第一次调用__next__()方法时,输出"开始",生成器函数定义体中的 yield 语句,返回生成值1。

② 当第二次调用__next__()方法时,由 yield 1 前进到 yield 2,输出"继续",生成器函数定义体中的 yield 语句,返回生成值2。

③ 当第三次调用__next__()方法时,由 yield 2 前进到 yield 3,输出"再继续",生成器函数定义体中的 yield 语句,返回生成值3。

④ 当第四次调用__next__()方法时,输出"结束",到达函数定义体的末尾,导致生成器对象抛出 StopIteration 异常。循环机制捕获异常,进行异常处理,因此循环终止时没有报错。

3. 生成器函数与函数的区别

（1）相同点

从严格意义来说,生成器函数只是形式上属于一种函数,但实际上为生成器的一种特殊类型,两者相同点如下:

① 两者的定义格式相同,都是使用 def 语句。

② 两者都可以有 return 语句,也可以没有。

③ 两者的函数体格式相同。

（2）差异点

生成器函数与普通函数存在差异,主要差异点如下:

① 生成器函数中主要使用 yield 返回数据,而普通自定义函数主要使用 return 返回数据。

② 两者返回值不同,函数可以根据需要返回任何类型,生成器函数执行返回的是一个生成器。

③ 函数除非递归调用,一般调用一次就执行一次完整逻辑,而生成器函数调用只是执行生成器的定义,返回一个生成器的类型,函数体内的代码并没有全部执行。

④ 函数每一次执行都是完整地执行,生成器可以通过和外部的交互进行多次循环返回数据。

5.3 经 典 案 例

案例1 输出杨辉三角。杨辉三角是二项式系数在三角形中的一种几何排列,也称为帕斯卡三角形,杨辉三角是中国古代数学的杰出研究成果之一,它把二项式系数图形化,把组

合数内在的一些代数性质直观地从图形中体现出来,是一种离散型的数与形的结合。

先定义函数 yanhuisanjiao(n),n 为形式参数,然后调用函数输出结果,具体参考代码如下:

```
def yanghuisanjiao(n):    #定义函数 yanghuisanjiao()
    print(str([1]).center(n*5))
    line1=[1,1]
    print(str(line1).center(n*5))
    for i in range(2,n):
        y=[]
        for j in range(0,len(line1)-1):
            y.append(line1[j]+line1[j+1])
        line1=[1]+y+[1]
        print(str(line1).center(n*5))


while True:        #主程序
    n=int(input("请输入一个正整数<0退出>:"))
    if n==0:        #结束循环的出口
        print("退出本次操作!")
        break
    else:
            yanghuisanjiao(n)
```

运行结果如下:

请输入一个正整数<0退出>:7　　#输出下面结果

```
                [1]
               [1,1]
              [1,2,1]
             [1,3,3,1]
            [1,4,6,4,1]
          [1,5,10,10,5,1]
         [1,6,15,20,15,6,1]
```

请输入一个正整数<0退出>:0　　#退出循环

退出本次操作!

案例 2　输入若干个数值,然后求所有数之和的平均值,每输入一个数值后询问是否继续输入下一个数值,回答"y"则继续,回答"n"则停止,要求采用异常处理模式。

参考代码如下:

```
numbers=[]    #使用列表存放临时数据
while True:
    x=input('请输入一个数值:')
    try:    #try-except异常处理结构
```

```
            numbers.append(float(x))
        except:        #异常处理
            print('不是合法数值')
        while True:
            flag=input('继续输入吗?(y/n):')
            if flag.lower() not in ('y','n'):       #限定用户输入内容
                print('只能输入y或n')
            else:
                break
        if flag.lower()=='n':
            break
    print("输入的数值列表:",numbers)
    print("——————————————————")
    print("平均值=",sum(numbers)/len(numbers))
```

运行结果为:

请输入一个数值:60

继续输入吗?(y/n):y

请输入一个数值:87

继续输入吗?(y/n):y

请输入一个数值:92

继续输入吗?(y/n):y

请输入一个数值:88

继续输入吗?(y/n):y

请输入一个数值:aa

不是合法数值

继续输入吗?(y/n):y

请输入一个数值:80

继续输入吗?(y/n):y

请输入一个数值:69

继续输入吗?(y/n):n

输入的数值列表:[60.0, 87.0, 92.0, 88.0, 80.0, 69.0]

——————————————————

平均值=79.33333333333333

第6章 Python字符串

6.1 基 础 知 识

1. 字符串的编码格式

Python 3.x系统中，字符串默认采用的是Unicode字符集，可以用如下代码来查看当前环境的编码格式。

举例如下：

```
>>> import sys        #导入sys
>>>sys.getdefaultencoding()        #显示Python默认的编码格式
'utf-8'        #默认的编码是utf-8
```

Unicode字符集可以使用的编码方案有三种，分别是：

① UTF-8：一种变长的编码方案，使用1～6个字节来存储。

② UTF-32：一种固定长度的编码方案，不管字符编号大小，始终使用4个字节来存储。

③ UTF-16：介于UTF-8和UTF-32之间，使用2个或者4个字节来存储，长度既是固定又是可变的。

其中，UTF-8是目前使用最广的一种Unicode字符集的实现方式，它已经基本形成统一共识了。

2. 字符串格式化

在Python输出模式中，字符串的格式化输出是一个重要问题。所谓字符串格式化，就是让字符串的输出符合一定的格式要求，对字符串进行格式化的过程被称为字符串格式化。

目前，Python的字符串格式化一般有4种方式。

（1）朴素的字符串格式化方法

这种格式化和很多高级语言的格式化输出都是通用的，例如：

```
>>> name="王红"
>>> print("这个人的姓名是"+name)
这个人的姓名是王红
>>> print("这个人的姓名是",name)
这个人的姓名是 王红
```

上面两种方式都是最朴素、最简单的字符串格式化,并且按照格式输出结果。

(2)使用%的字符串格式化方法

这种字符串格式化前半部分用"%格式字符"形式,后半部分用"%(字符串1,……字符串n)"来表示,举例如下:

>>> name="王红"

>>> age=20

>>> print("这个人的姓名是%s,她的年龄是%s岁"%(name,str(age)))

执行结果如下:

这个人的姓名是王红,她的年龄是20岁

(3)format()字符串格式化方法

基本格式如下:

<模板字符串>.format(<参数列表>)

① 基本顺序格式。举例如下:

>>> name="王红"

>>> age=20

#采用默认顺序传递

>>> print("这个人的姓名是{},她的年龄是{}岁".format(name,age))

这个人的姓名是王红,她的年龄是20岁

#采用参数顺序传递

>>> print("这个人的姓名是{0},她的年龄为{1}岁".format(name,age))

这个人的姓名是王红,她的年龄是20岁

② 双星号**字典格式。这种双星号"**"形式是通过字典的键(key)输出其对应的值(value)来完成字符串的格式化过程,这种字符串格式化需要通过多练习才能掌握。举例如下:

>>> str="这个人的姓名是{name},她的年龄是{age}岁".format(**{"name":"王红","age":20})

>>> print(str)　　#输出格式化结果

这个人的姓名是王红,她的年龄是20岁

③ 小数形式的字符串格式化。小数形式的格式化有其特有的形式,举例如下:

>>> print("{0:.3f},{1:.6f}".format((1/7),(1/7)))　　#两个格式对应两个参数

0.143,0.142857

>>> print("{0:.3f},{0:.6f}".format(1/7))　　#两个格式对应一个参数

0.143,0.142857

其中,0或1是格式化对象的序号,序号从0开始,圆点(.)后面的数值是格式化对象要保留的小数位数,参数f表示为浮点数。

(4)f-string字符串格式化方法

从Python 3.6开始,引进了一种成为格式化字符串常量的字符串格式化方式,即f-string字符串格式化方式。f-string在形式上是以f或F修饰符引领的字符串(f'xxx' 或 F'xxx')对

象,以大括号{ }标明被替换的字段;f-string格式虽然称为"格式化字符串常量",但f-string格式在本质上并不是普通的字符串常量,而是一个在运行时才运算求值的表达式,即称为字符串常量的运算表达式。

f-string在功能方面不逊于传统的%-formatting语句和str.format()函数格式化的应用,同时性能又优于这两者,并且使用起来也更加简洁明了,因此对于Python 3.6及以后的版本,推荐使用f-string进行字符串格式化。

f-string字符串格式化控制复杂多变,内容丰富,这里就不一一介绍了,下面通过综合举例来学习f-string的应用。

举例如下:

```
#数据居中显示,总宽度10位,输出相应的十六进制整数(大写字母),显示0X前缀
>>>f'x is {x:^#10X}'
'x is   0X4D2   '
#数据左对齐显示,显示正号(+),总宽度10位,保留2位小数
>>>f'y is {y:<+10.2f}'
'y is +1234.57'
#高位补零,总宽度15位,输出十进制整数,使用逗号(,)作为千位分隔符
>>>f'z is {z:015,d}'
'z is 000,123,456,789'
#总宽度30位,采用科学计数法输出,保留3位小数
u=0.6+3.7j
>>>f'u is {u:30.3e}'
'u is        6.000e-01+3.700e+00j'
#采用lambda表达式,总宽度30位,采用科学计数法输出,保留3位小数
>>>f'result is {(lambda x: x**2+1)(2)}'
'result is 5'
#采用lambda表达式,数据左对齐显示,显示正号(+),总宽度7位,保留2位小数
>>>f'result is {(lambda x: x**2+1)(2):<+7.2f}'
'result is +5.00'
```

6.2　字符串的操作

1. 字符串的遍历

所谓遍历就是按顺序逐个访问一次。字符串的遍历就是通过逐个输入每一个字符,依次进行访问。

举例如下:

```
s="abcdefg"
```

```
>>> for i in range(-1,-len(s),-1):    #遍历字符串
        print(s[:i])
```

运行结果：

abcdef

abcde

abcd

abc

ab

a

2. 字符串对齐

字符串的对齐操作很常用，最简单的操作就是使用字符串的三种对齐方法：居中对齐 center()、左对齐 ljust() 和右对齐 rjust()。

举例如下：

```
>>> s="abcdef"
>>> print(s.center(60,'*'))    #字符占宽度60列,居中对齐,用"*"填充
***************************abcdef***************************
>>> print(s.ljust(60,'-'))    #字符占宽度60列,左对齐,用"-"填充
abcdef------------------------------------------------------
>>> print(s.rjust(60,'%'))    #字符占宽度60列,右对齐,用"%"填充
%%%%%%%%%%%%%%%%%%%%%%%%%%%%%%%%%%%%%%%%%%%%%%%%%
%%%%%%%%%%%%%%%%%%%%%%abcdef
```

3. 应用案例

（1）输入字符串，把英文字符大小写进行转换

如果 X 是一个大写英文字母，那么 ord(X) 就是它的编码，ord(X)−ord("A") 就是它相对大写字母 A 的偏移量，ord("a") 是小写字母 a 的编码，显然 ord(X)+ord("a")−ord("A") 就是 X 对应的小写字母的编码，因此 chr(ord(X)+ord("a")-ord("A")) 就是 X 对应的小写字母。

举例如下：

```
X="W"
c=chr(ord("a")+ord(X)−ord("A"))
print(c)
```

那么 c 输出的是小写字母 w。

同样，如果 x 是一个小写英文字母，那么 chr(ord(x)+ord("A")-ord("a")) 就是它对应的大写字母。

参考代码如下：

```
#编写把一个串中所有小写字母变大写的函数
def myToUpper(s):
```

```
    t=""
    for i in range(len(s)):
        if s[i]>="a" and s[i]<="z":
            t=t+chr(ord(s[i])+ord("A")-ord("a"))
        else:
            t=t+s[i]
    return t
#编写把一个串中所有大写字母变小写的函数
def myToLower(s):
    t=""
    for i in range(len(s)):
        if s[i]>="A" and s[i]<="Z":
            t=t+chr(ord(s[i])+ord("a")-ord("A"))
        else:
            t=t+s[i]
    return t
while True:      #主程序开始
    s=input("请输入一个字符串<-1退出>:")
    if s=="-1":
        print("退出！")
        break
    print("——————————————————")
    print("输入的原始字符串:",s)
    print("小写转为大写:",myToUpper(s))
    print("大写转为小写:",myToLower(s))
```

运行结果:

```
请输入一个字符串<-1退出>:qingdao 欢迎 QINGDAO
——————————————————————————————
输入的原始字符串:qingdao 欢迎 QINGDAO
小写转为大写:QINGDAO 欢迎 QINGDAO
大写转为小写:qingdao 欢迎 qingdao
请输入一个字符串<-1退出>:-1
退出！
```

（2）输入一个字符串，去掉字符串两边的空格

设置一个临时空字符串 t，通过循环检测出空格，并且把非空格字符依次添加到临时字符串 t 中，循环结束后返回该字符串。参考代码如下：

```
def strtrim(s):
    t=""
    i=0
```

```
        j=len(s)-1
        while i<=j and s[i]=="":
            i=i+1
        while i<=j and s[j]=="":
            j=j-1
        for k in range(i,j+1):
            t=t+s[k]
        return t
    while True: #主程序开始
        str1=input("请输入一个字符串<-1退出>:")
        if(str1=="-1"):
            print("退出! ")
            break
        print("原来长度:",len(str1))
        t=strtrim(str1)
        print("取出左右两边空格后的字符串长度:",len(t))
        print("字符串:",str1)
        print("取出左右两边空格后的字符串为:",t)
```

运行结果如下:

　　　请输入一个字符串<-1退出>: shandong 青岛山东 qingdao
　　　原来长度:24
　　　取出左右两边空格后的字符串长度:19
　　　字符串:shandong 青岛山东 qingdao
　　　取出左右两边空格后的字符串为:shandong 青岛山东 qingdao
　　　请输入一个字符串<-1退出>:-1
　　　退出!

第7章 正则表达式

7.1 基础知识

正则表达式是一个很强大的字符串处理工具，几乎任何关于字符串的操作都可以使用正则表达式来完成。对于字符串的处理，正则表达式更是不可或缺的技能，正则表达式在不同的高级语言中使用方式可能不一样。不过只要学会了任意一门语言的正则表达式用法，其他语言中大部分也只是换了使用函数的名称而已，本质都是一样的。

同样，Python中的正则表达式也是一个特殊的字符序列，能帮助人们方便地检查一个字符串是否与某种模式匹配。正则表达式功能强大，应用广泛，对初学者而言有点困难，需要渐进地学习与掌握。

关于正则表达式有下面几个要点：

① Python自1.5版本起增加了re模块，它提供了Perl风格的正则表达式模式。

② re模块使Python语言拥有全部的正则表达式功能。

③ 函数compile()能根据一个模式字符串和可选的标志参数生成一个正则表达式对象。该对象拥有一系列用于正则表达式匹配和替换的方法。

④ re模块也提供了与这些方法功能完全一致的函数，这些函数使用一个模式字符串作为它们的第一个参数。

学习Python中的正则表达式，大致从以下几个部分开始：① 元字符；② 模式；③ 函数；④ re内置对象用法；⑤ 分组用法；⑥ 环视用法。

1. 常用标记

正则表达式的常用标记均代表特定的含义，下面列出主要的正则表达式的常用标记，如表7-1所示。

表7-1 正则表达式的常用标记

常用标记	含　义
.	匹配任意字符，换行符除外
\w	代表任意字符数字或下划线
\d	代表数字

续表

常用标记	含　义
\s	代表空白字符
ˆ	匹配行开头
$	匹配行末尾
*	匹配任意次
＋	匹配一次或以上
?	匹配零次或一次
|	表示或
[ ]	字符组
[ˆ]	排除字符组
{m,n}	重复m到n次

上面是几个最常用的标记,使用频率非常高,应用场合也较多,需要认真了解和掌握。

2. 常用方法

(1) re.match()方法

语法格式:

　　　re.match(pattern,string,flags＝0)

说明:尝试从字符串的起始位置匹配一个模式,如果起始位置没有匹配成功,match()方法就返回None。可以用group(num＝0)来获取匹配的子字符串内容。

举例如下:

　　　＞＞＞ import re

　　　＞＞＞patt＝″qingdao″

　　　＞＞＞ str1＝″qingdao,welcome you!″

　　　＞＞＞ result＝re.match(patt,str1)

　　　＞＞＞ print(result)　　♯匹配成功

　　　＜re.Match object;span＝(0,7), match＝′qingdao′＞

　　　＞＞＞ str2＝″welcome to qingdao!″

　　　＞＞＞ result2＝re.match(patt,str2)

　　　＞＞＞ print(result2)　　♯匹配不成功

　　　None

(2) re.search()方法

语法格式:

　　　re.search(pattern, string, flags＝0)

说明:扫描整个字符串并返回第一个成功的匹配,返回一个匹配对象;如果匹配失败则返回None。可以用group(num＝0)来获取匹配的子字符串内容。

举例如下:

```
>>> import re
>>> patt1="qingdao"
>>> str1="welcome to qingdao!"
>>> result1=re.search(patt1,str1)
>>> print(result1)
<re.Match object; span=(11, 18), match='qingdao'>
>>> str2="welcome to shandong!"
>>> result2=re.search(patt1,str2)
>>> print(result2)
None
```

（3）re.match( )与 re.search( )的区别

这两个方法是有所区别的,re.match( )只匹配字符串的开始,如果字符串开始不符合正则表达式,则匹配失败,函数返回 None;而 re.search( )匹配整个字符串,直到找到一个匹配。

举例如下：

```
import re
str1="Qust is in Qingdao!"
matchobj1=re.match(r'Qingdao',str1,re.M|re.I)
if matchobj1:
    print("match-->matchobj.group( ):",matchobj1.group( ))
else:
    print("No match!  ")
matchobj2=re.search(r'Qust',str1,re.M|re.I)
if matchobj2:
    print("search-->matchobj.group( ):",matchobj2.group( ))
else:
    print("No match!  ")
```

执行结果如下：

```
No match!
search-->matchobj.group( ): Qust
```

（4）re.findall( )方法

语法格式：

```
re.findall(pattern,string,flags=0)
```

说明：在字符串中找到正则表达式所匹配的所有子串,并返回一个列表,如果没有找到任何匹配的,则返回一个空列表。

举例如下：

```
>>> import re
>>> patt1="server"
>>> str1="SQL server 2008 R2"
>>> pattern=re.compile(patt1)      #编译模式
```

```
>>> result1=pattern.findall(str1)
>>> print(result1)
['server']
>>> result2=re.findall(patt1,str1)    #非编译模式
>>> print(result2)
['server']
```

（5）re.sub( )方法

语法格式：

```
re.sub(pattern,repl,string,count=0,flags=0)
```

说明： string是主字符串，pattern是要替换的字符串，repl是要替换成的字符串，也可以是一个函数，输入匹配正则表达式的内容后，替换成函数的返回值。

举例如下：

```
>>> import re
>>> str1="SQL server 2008 R2"
>>> patt1="2008"
>>> result=re.sub(patt1,"2016",str1)
>>> print(result)
SQL server 2016 R2
```

（6）re.split( )方法

语法格式：

```
re.split(pattern,string[,maxsplit=0,flags=0])
```

说明： 使用分隔符pattern对字符串string进行分割，返回分割后元素组成的列表。

举例如下：

```
>>> import re
>>> str1="SQL server 2008 R2"
>>> patt1=" "
>>> result=re.split(patt1,str1)
>>> print(result)
['SQL','server','2008','R2']        #返回分割后元素组成的列表
```

（7）re.compile(pattern[,flags])

语法格式：

```
re.compile(pattern[,flags])
```

说明： 编译方式能生成一个正则表达式对象，可以多次使用，避免每次都对正则表达式进行解析，可加快程序运行速度。另外，如果再用这个正则表达式对象调用re的方法时，不用再填写pattern参数。

函数compile( )用于编译正则表达式，生成一个正则表达式（Pattern）对象，供match( )和search( )等函数使用。

举例如下：

```
>>> import re
>>> patt1="qingdao"
>>> str1="welcome to qingdao!"
>>> pattern=re.compile(patt1)        #编译模式
>>> result=pattern.search(str1)
>>> print(result)
<re.Match object; span=(11, 18), match='qingdao'>
>>> str2="welcome,welcome to qingdao,shandong!"
>>> result2=pattern.search(str2)      #模式可以反复使用
>>> print(result2)
<re.Match object; span=(19,26), match='qingdao'>
>>> import re
>>> pattern=re.compile(r'\d+')      #编译正则表达式
>>> str1="Beijing2008"
>>> result=pattern.search(str1)
>>> print(result)
<re.Match object; span=(7, 11), match='2008'>        #匹配查找数字成功
```

7.2　正则表达式的应用

1. Python正则表达式匹配IP地址

IP地址合法性校验是软件开发中常用的一个操作,看起来很简单的判断,作用却很大,但写起来比较容易出错,下面讨论IP地址合法性校验的方法。

IPv4的IP地址格式:

　　(1~255).(0~255).(0~255).(0~255)

IPv4采用四段32位的格式,每段对应一位0~255的十进制数。

要求:从键盘反复输入一个IP地址,判断其合法性,输入t退出。

(1) 使用正则表达式进行判断

最简单的实现方法是构造一个正则表达式。判断用户输入的IP地址是否与正则表达式匹配。若匹配,则是正确的IP地址,否则,不是正确的IP地址。

下面给出相对应的验证IP地址的正则表达式:

- "\d"表示0~9的任何一个数字。
- "{2}"表示正好出现两次。
- "[0-4]"表示0~4的任何一个数字。
- "|"表示或者(or)的含义。
- "1\d{2}"表示100~199之间的任意一个数字。

- "2[0-4]\d"表示200~249之间的任意一个数字。
- "25[0-5]"表示250~255之间的任意一个数字。
- "[1-9]\d"表示10~99之间的任意一个数字。
- "[1-9]"表示1~9之间的任意一个数字。
- "\."表示是(.)点要转义(与特殊字符类似,需要加\\转义)。

参考代码如下:

```
#使用正则表达式
import re
def check_ip(ipAddr):
    compile_ip=re.compile('^(1\d{2}|2[0-4]\d|25[0-5]|[1-9]\d|[1-9])\.(1\d
{2}|2[0-4]\d|25[0-5]|[1-9]\d|\d)\.(1\d{2}|2[0-4]\d|25[0-5]|[1-9]\d|\d)
\.(1\d{2}|2[0-4]\d|25[0-5]|[1-9]\d|\d)$')
    if compile_ip.match(ipAddr):
        return True
    else:
        return False
while True:
    IPstr=input("请输入一个IP地址<输入t退出>:")
    if(IPstr=='t'):
    break
    if (check_ip(IPstr)):
    print("这是一个合法的IP地址")
    else:
    print("这是一个非法的IP地址")
```

运行结果如下:

```
请输入一个IP地址<输入t退出>:172.16.0.254
这是一个合法的IP地址
请输入一个IP地址<输入t退出>:10.6.10.6
这是一个合法的IP地址
请输入一个IP地址<输入t退出>:257.45.11.22
这是一个非法的IP地址
请输入一个IP地址<输入t退出>:t
```

(2) 使用字符串拆解法进行判断

基本方法:把IP地址当作字符串,以"."为分隔符进行分割,然后再判断。注意对比一下这两种方法:正则表达式方法和字符串拆解法。

参考代码如下:

```
#使用字符串拆解法
import os,sys
def check_ip(ipAddr):
```

```
    import sys
    addr＝ipAddr.strip( ).split('.')      #切割IP地址为一个列表
    #printaddr
    if len(addr)!＝4:      #切割后列表必须有4个参数
        print("检查IP地址失败！")
        sys.exit( )
    for i in range(4):
        try:
            addr[i]＝int(addr[i])      #每个参数必须为数字,否则校验失败
        except:
            print("检查IP地址失败！")
            break
        if addr[i]<＝255 and addr[i]>＝0:      #每个参数值必须在0~255之间
            pass
        else:
            print("检查IP地址失败！")
            break
            i＋＝1
    else:
        print("检查IP地址成功,是一个合法的IP地址！")
    while True:
        IPstr＝input("请输入一个IP地址<输入t退出>:")
        if(IPstr＝＝'t'):
            break
            check_ip(IPstr)
```

运行结果如下：

```
    请输入一个IP地址<输入t退出>:211.87.158.32
    检查IP地址成功,是一个合法的IP地址！
    请输入一个IP地址<输入t退出>:211.87.158.256
    检查IP地址失败！
    请输入一个IP地址<输入t退出>:10.6.10.6
    检查IP地址成功,是一个合法的IP地址！
    请输入一个IP地址<输入t退出>:t
```

2. 使用正则表达式实现一个简易计算器

简易计算器的具体要求如下：

① 能够完成简单的加减乘除等算术运算。

② 可以反复输入表达式,并进行相应计算。

③ 输入特定字符(如"exit")可退出使用。

参考代码如下:

```python
import re
class SimpleCalc(object):
    #表达式检测
    def check(self,exp):
        #合法字符检测
        res=re.findall(r"[^\d\+\-\*/\(\)\.]",exp)
        print(res)
        if res:
            print("表达式不正确!!! ")
            print("输入了非法字符:",res)
            return False
        #括号检测
        res=re.findall(r"(?:[\d\)]\()|(?:\([\*/\)])|(?:[\-\+\*/]\))",exp)
        if res:
            print("表达式不正确!!! ")
            print("括号使用有误:",res)
            return False
        res=re.findall(r"\(|\)",exp)
        if res.count('(')!=res.count(')'):
            print("表达式不正确!!! ")
            print("括号不匹配:",res)
            return False
        #运算符检测
        res=re.findall(r"[\-\+/]{2,}|\*{3,}",exp)
        if res:
            print("表达式不正确!!! ")
            print("运算符有误:",res)
            return False
        #小数点位置检测
        res=re.findall(r"(^(?<=[0-9])?\.\d+)|(\.\d*?\.)|\.(\D|$)",exp)
        if res:
            print("表达式不正确!!! ")
            print("小数点位置有误:",res)
            return False
        return True


def main():
    print("----------------简易计算器------------------------")
```

```
    print("-----如:21/3*((29+2)/(2+3)+1)*5.1-3+2**2-------------")
    print("-----------------------------------------------")
    simpleCalc=SimpleCalc()
    while True:
        exp=input("请输入一个正确的表达式(退出请输入exit):\n")
        if exp=='exit':
            print("-----------------------------------------")
            break
        if simpleCalc.check(exp):
            print('=',eval(exp))
        else:
    print("-----------------------------------------")
            continue


if __name__=='__main__':
    main()
```

运行结果如下:

```
---------------简易计算器---------------------
-----如:21/3*((29+2)/(2+3)+1)*5.1-3+2**2-----------
-----------------------------------------------

请输入一个正确的表达式(退出请输入exit):
30/3+(20*6-300/2)*10
[]
=-290.0
请输入一个正确的表达式(退出请输入exit):
90*2/6-(800/8-60)*8/20
[]
=14.0
请输入一个正确的表达式(退出请输入exit):
exit
-----------------------------------------------
```

第8章 面向对象的程序设计

8.1 基 础 知 识

1. 面向对象的几个概念

关于面向对象的程序设计,有10个基础概念需要初学者逐步理解和掌握。

① 类(class):用来描述具有相同的属性和方法的对象的集合。它定义了该集合中每个对象所共有的属性和方法。对象是类的实例。

② 类变量:类变量在整个实例化的对象中是公用的。类变量定义在类中且在函数体之外。类变量通常不作为实例变量使用。

③ 数据成员:类变量或者实例变量,用于处理类及其实例对象的相关的数据。

④ 方法重写:如果从父类继承的方法不能满足子类的需求,可以对其进行改写,这个过程叫作方法的覆盖(override),也称为方法的重写。

⑤ 局部变量:定义在方法中的变量,只作用于当前实例的类。

⑥ 实例变量:在类的声明中,属性是用变量来表示的。这种变量就称为实例变量,是在类声明的内部但是在类的其他成员方法之外声明的。

⑦ 继承:即一个派生类(derived class)继承基类(base class)的字段和方法。继承也允许把一个派生类的对象作为一个基类对象对待。例如,有这样一个设计:一个Dog类型的对象派生自Animal类,这是模拟"是一个(is-a)"关系。

⑧ 实例化:创建一个类的实例,类的具体对象。

⑨ 方法:类中定义的函数。

⑩ 对象:通过类定义的数据结构实例。对象包括两个数据成员(类变量和实例变量)和方法。

2. 类的成员

(1) 创建类

Python中可以使用class语句来创建一个新类,class之后为类的名称并以冒号结尾,格式如下:

```
class ClassName:
    '类的帮助信息'      #类文档字符串
```

　　　class_suite　　#类体

其中,ClassName 为类名,class_suite 为类体,class_suite 由类成员、方法、数据属性组成。此外类的帮助信息可以通过 ClassName.__doc__查看。

　　创建一个类时用变量形式表示对象特征的成员称为数据成员(attribute,也称成员变量),用函数形式表示对象行为的成员称为成员方法(method),数据成员和成员方法统称为类的成员。对于每一个类的成员而言都有两种形式:公有成员和私有成员。

　　(2) 私有成员

　　私有成员(private)在类的外部不能直接访问,一般情况下均是在类的内部进行访问和操作,特殊情况下在类的外部通过调用对象的公有成员方法来访问(可以,但不推荐)。私有成员包括类的私有属性和私有方法。有关私有成员具有以下特点:

① 以"__"开头的变量表示私有成员。

② 私有属性和方法在当前类中可以查看及使用。

③ 子类不能继承父类的私有方法和属性。

④ 私有的目的就是保护数据的安全性。

⑤ 强制查看私有方法或属性(但是非常不推荐使用):

· 对象名.__类名__私有变量名

· 对象名.__类名__私有方法名

举例如下:

```
class Human:      #类 Human 定义
    live='有理想的人'     #类共有的属性
    __desires='非常有欲望的人'    #(程序级别)类私有的属性
    _desires='有欲望的人'       #(程序员之间约定俗称)类私有的属性
    def __init__(self,name,age,sex,hobby):
        self.name=name
self.age=age
self.sex=sex      #对象的共有的属性
self.__hobby=hobby     #对象的私有属性
    def func(self):     #类内部可以查看对象的私有属性
        print(self.__hobby)
    def foo(self):      #类内部可以查看类的私有属性
        print(self.__desires)
    def __abc(self):      #私有方法 只有内部可以使用
print('it is abc')
obj=Human('beauty',28,'man','woman')
print(obj.name)
print(Human.live)
Human.live='没有理想'
print(Human.live)
```

```
obj.__abc()    #会报错,因为外部不可以调用类的私有方法
print(Human.__desires)
```

运行结果如下:

```
beauty
有理想的人
没有理想
obj.__abc()      #会报错,因为外部不可以调用类的私有方法
AttributeError: 'Human' object has no attribute '__abc'
```

(3) 公有成员

类的公有成员,在任何地方都能访问,类公有成员包括:

① 公有静态属性:类可以访问、类内部可以访问、派生类中可以访问。

② 公有对象属性:对象可以访问、类内部可以访问、派生类中可以访问。

③ 公有方法:对象可以访问、类内部可以访问、派生类中可以访问。

例 1

```
class Demo1:
    a=10       #公有成员
    _b=20      #保护成员
    __c=30       #私有成员
#通过类名访问:
print(Demo1.a)         #公有成员能访问:1
print(Demo1._b)         #保护成员也能访问:2
print(Demo1._Demo1__c)     #私有成员通过"类名.__类名私有成员名"访问
print(Demo1.__c)       #私有成员不能直接用类名访问
#通过对象名访问:
obj1=Demo1()
print(obj1.a)         #公有成员能访问:1
print(obj1._b)         #保护成员也能访问:2
print(obj1._Demo1__c)     #私有成员通过"对象名.__类名私有成员名"访问
print(obj1.__c)       #私有成员不能直接用对象名访问
```

运行结果:

```
10
20
30
Traceback (most recent call last):
    print(Demo1.__c)     #私有成员不能直接用类名访问
AttributeError: type object 'Demo1' has no attribute '__c'
```

例 2

```
class Demo2:
    def __init__(self):
```

```
    self.a＝20       #公有成员
    self._b＝30       #保护成员
    self.__c＝40       #私有成员
    obj2＝Demo2()
    print(obj2.a)        #公有成员能访问:20
    print(obj2._b)        #保护成员也能访问:30
    print(obj2._Demo2__c)     #私有成员通过"对象名._类名私有成员名"访问
    print(obj2.__c)        #私有成员不能直接用对象名访问
```

运行结果如下:

```
    20
    30
    40
        print(obj2.__c)     #私有成员不能直接用对象名访问
    AttributeError:'Demo2' object has no attribute '__c'
```

（4）数据成员

Python 中面向对象数据成员包括类数据成员和对象数据成员两种类型。Python 中类数据成员变量是不用 self. 修饰的,而对象数据成员变量需要用 self. 来修饰。

举例说明:

```
    class person:
        population＝0
        def __init__(self,name):
            self.name＝name
    self.population＋＝1
            print(self.population)
            print(person.population)
     person1＝person('王红')
    print("对象的数据成员:",person1.population)
    print("对象的数据成员:",person1.name)
    print("类的数据成员:",person.population)
```

运行结果:

```
    1
    0
    对象的数据成员:1
    对象的数据成员:王红
    类的数据成员:0
```

说明:

① 代码第二行:population＝0,这个是类的变量。无论在哪里调用,都需要用 person. population 来引用。

② 代码第五行:self.population＋＝1,这个地方调用的就是对象的变量。对象的变量会

在类的变量的基础上执行加1,这是在对象变量没有被赋值的前提下完成。

（5）单下划线、双下划线、头尾双下划线

在Python面向对象的程序设计中,下划线以及前后位置代表不同的含义,归纳如下：

① __foo__:定义的是特殊方法,一般是系统定义名字,类似__init__()之类的。

② _foo:以单下划线开头的表示的是protected类型的变量,即保护类型只能允许其本身与子类进行访问,不能用于 from module import *。

③ __foo:以双下划线开头的表示的是私有类型(private)的变量,只能是允许这个类本身进行访问。

8.2　继承与多态

继承与多态都是面向对象程序设计的重要特征,正确理解继承和多态,可以提高面向对象程序设计的应用范围与水平,具有非常重要的作用。

1. 继承

继承就是子类从父类(基类)中继承有用的信息,从而提高程序设计的效率,归纳起来继承具有如下特点：

① 继承的含义就是从某个类中继承。

② 如果一个类没有继承类,则继承来自于object基类。

Python类继承的优点：

① 实现代码复用,减少代码量,提高了程序设计的效率。

② 子类可以拥有父类的所有功能,子类只需要编写附加的功能即可。

举例说明Python类的继承,定义一个基类(父类)class Person(object),再定义一个子类 class Teacher(Person),该子类继承父类Person的属性

Teacher类需要有name和gender属性,因为Person类中有,所以直接继承即可。另外需要新增course属性。

举例如下：

```
class Person(object):
    def __init__(self,name,gender):
        self.name=name
self.gender=gender
class Teacher(Person):
    def __init__(self,name,gender,course):
super(Teacher, self).__init__(name,gender)
self.course=course
```

说明：

① 继承类时一定要使用super(子类名,self).__init__(子类需要继承父类的参数)去初始化父类。否则,继承父类的子类将没有name和gender。

② super(子类名,self)将返回当前类继承的父类,然后调用__init__方法。此时__init__方法已经不需要再传self参数,因为在super时已经传入。

举例如下：

```
p＝Person('Tom','男')
t＝Teacher('王红','女','汉语')     #子类继承父类
print(t.name,t.gender,t.course)
print(p.name,p.gender)
```

执行结果：

```
王红 女 汉语
Tom 男
```

2. 多态

朴素的多态性,即是同一个函数可以有不同个数的参数,反映出一种自适应的多态性形式,例如,定义一个求多个数中最大数的函数,该函数可以是三个参数、四个参数、五个参数等,表现出多态性的特征。

在Python面向对象程序设计中,多态性依赖于继承性,即当从一个父类中派生出多个子类,可以使子类之间有不同的行为,这种行为被称为多态。简单说就是子类重写父类的方法,使子类具有不同的方法实现。

当子类与父类拥有同一个方法时,则子类的方法优先级高于父类,即子类覆盖父类。只要方法存在,参数正确,就可以调用。

例如,对上面继承的例子简单改造一下：

```
class Person(object):
    def __init__(self,name,gender):
        self.name＝name
    self.gender＝gender
    def output(self):      #父类的方法
        print('我是中国人,我的名字是%s'%self.name)
class Teacher(Person):
    def __init__(self,name,gender,course):
    super(Teacher,self).__init__(name, gender)
    self.course＝course
    def output(self):      #子类的方法
        print('我是中国人,也是一名教师,我的名字是%s'%self.name)
    p＝Person('王红','女')
```

```
t＝Teacher('刘强','男',"Python程序设计")
p.output()
t.output()
```

运行结果如下：

我是中国人,我的名字是王红

我是中国人,也是一名教师,我的名字是刘强　　#子类方法覆盖了父类的方法

第9章 文件与文件夹操作

9.1 基 础 知 识

1. 文件的创建与打开

文件的创建与文件的打开是存在关系的。有的文件打开操作需要预先创建该文件,有的文件打开操作则不需要预先创建文件,而是在打开时候自动创建该文件,是否要预先创建文件是由文件的打开方式以及具体要求决定的。

举例如下:

```
>>> f1=open("d:\\pythonfile\\file1.txt","w")    #以写方式打开文件
>>> f1.close()
```

上面的打开操作是在指定路径中,即绝对路径中以写方式打开文件 file1.txt,这种操作遵循的规则是:

① 需要预先创建文件夹"pythonfile"。

② 不需要预先创建文件 file1.txt,当然该文件也可以是已经存在的。

③ 绝对路径需要用"\\"。

如果是对某一个文件的读操作,则必须该文件已经存在,否则系统会抛出异常。如下所示:

```
f2=open("file2.txt","r")
f2.close()
FileNotFoundError: [Errno 2] No such file or directory: 'file2.txt'
```

另外,无论文件执行什么样的操作,操作结束都需要及时关闭,否则会出现各种各样的错误。

2. 文件的路径

文件的路径分为绝对路径和相对路径,绝对路径是比较容易理解的,只要注意使用"\\"就可以了。但是相对路径有些抽象,到底相对到哪儿去了? 经常创建文件之后,不知道文件存放在什么地方。举例如下:

```
>>> f3=open("file3.txt","w")
>>> f3.close()
```

以上操作之后,这个file3.txt则会自动创建并存放在下面这个路径中:C:\Users\dell\AppData\Local\Programs\Python\Python38。

上述路径是Python系统的安装目录,即Python系统的路径。

如果编写一个源程序文件名为"文件操作范例1.py",并将该文件保存在D:\pythonfile文件夹中。执行以下操作:

>>>f4=open("file4.txt","w")

>>>f4.close()

执行代码,则自动创建文件file4.txt,并且该文件将自动存放在源程序所在的文件夹中,即D:\pythonfile文件夹中,如图9-1所示。

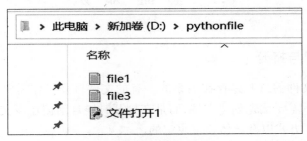

图9-1　文件保存的路径

9.2　与文件操作有关的模块

1. os模块

os模块是Python标准库中的一个用于访问操作系统的模块,主要操作有系统操作和目录操作。

(1)系统操作对象与方法

系统的主要对象和方法如下:

① os.sep()方法:主要用于系统路径的分隔符,Windows系统是"\\",Linux类系统如Ubuntu的分隔符是"/"。

② os.name()方法:指示正在使用的工作平台。比如,对于Windows系统,是nt,而对于Linux/Unix系统,是posix。

③ os.getenv("环境变量名称:")方法:可读取环境变量。

④ os.getcwd()方法:获取当前的路径。

举例如下:

>>> import os

>>> print(os.sep)

\

```
>>> print(os.name)
nt
>>> print(os.getenv('path'))
```

C:\Windows\system32;C:\Windows;C:\Windows\System32\Wbem;C:\Windows\System32\WindowsPowerShell\v1.0\; C: \Windows\System32\OpenSSH\; C: \Program Files\

dotnet\;C:\Program Files\Microsoft SQL Server\130\Tools\Binn\;C:\Program Files\Microsoft SQL Server\Client SDK\ODBC\170\Tools\Binn\;C:\Program Files (x86) \Microsoft SQL Server\100\Tools\Binn\; C: \Program Files (x86) \Microsoft SQL Server\100\DTS\Binn\;C:\Program Files (x86)\Microsoft SQL erver\100\Tools \Binn\VSShell\Common7\IDE\; C: \Program Files (x86) \Microsoft Visual Studio 9.0\Common7\IDE\PrivateAssemblies\; C: \Users\dell\anaconda3; C: \Users\dell\anaconda3\Library\mingw-w64\bin; C: \Users\dell\anaconda3\Library\usr\bin; C: \Users\dell\anaconda3\Library\bin; C: \Users\dell\anaconda3\Scripts; C: \Users\dell\AppData\Local\Microsoft\WindowsApps;C:\Users\dell\.dotnet\tools

```
>>> print(os.getcwd())
```

C:\Users\dell\AppData\Local\Programs\Python\Python38

（2）目录操作：增删改查

- os.listdir()：返回指定文件夹下的所有文件和目录名。
- os.mkdir()：创建一个文件夹。只创建一个文件夹。
- os.rmdir()：删除一个空文件夹，如果不空则无法删除。
- os.makedirs(dirname)：可以递归创建多层文件夹，如果文件夹全部存在，则创建失败。
- os.removedirs(dirname)：可以递归删除空的多层文件夹，若不空则无法删除。
- os.chdir()：改变当前文件夹，到指定的目标文件夹中。
- os.rename()：重命名文件或文件夹，如果同名文件存在，则命名失败。

输出指定文件夹下的所有文件和子文件夹，操作如下所示：

```
>>> import os
>>>dirs="D:\\2021上半年上课\\Python程序设计\\Python课件"
>>> files=os.listdir(dirs)
>>> print(files)
```

['IDLE安装程序', '上课讲义', '实验', '实验1-2new', '实验1-2new.zip', '教学安排文件', '课件', '课件quan', '课件quan.zip']

（3）判断

- os.path.exists(path)：判断文件或文件夹是否存在，存在返回True，否则返回False。
- os.path.isfile(path)：判断是否为文件。是文件则返回True，否则返回False。
- os.path.isdir(path)：判断是否为文件夹，是文件夹则返回True，否则返回False。

2. os.path模块

os.path模块主要用于文件的属性获取,在编程中经常用到,以下是该模块的几种常用方法。

（1）os.path.abspath(path)

功能:返回path规范化的绝对路径。

举例如下:

```
>>> import os.path
>>>os.path.abspath('test.csv')    #返回绝对路径
'C:\\Users\\dell\\AppData\\Local\\Programs\\Python\\Python38\\test.csv'
```

（2）os.path.split(path)

功能:将path分割成目录和文件名二元组返回。

举例如下:

```
>>>os.path.split('D:\\pythonfile\\file1.txt')
('D:\\pythonfile', 'file1.txt')
>>>os.path.split('D:\\pythonfile\\')
('D:\\pythonfile', '')
```

（3）os.path.dirname(path)

功能:返回path的目录部分。其实就是os.path.split(path)的第一个元素。

举例如下:

```
>>> import os.path
>>>os.path.dirname('D:\\pythonfile\\file1.txt')    #返回路径目录(文件夹)
'D:\\pythonfile'
```

（4）os.path.basename(path)

功能:返回path最后的文件名。如果path以/或\结尾,那么就会返回空值。即os.path.split(path)的第二个元素。

举例如下:

```
>>> import os.path
>>>os.path.basename('D:\\pythonfile\\file1.txt')    #返回文件名
'file1.txt'
```

（5）os.path.exists(path)

功能:如果path存在,返回True;如果path不存在,返回False。

举例如下:

```
>>> import os.path
>>>os.path.exists('D:\\pythonfile\\file1.txt')    #路径存在返回True
True
```

（6）os.path.splitdrive(path)

功能:返回(drivername,fpath)元组,其中drivername为驱动器名,fpath为路径和文件名组合。

　　举例如下：

```
>>> import os.path
>>>os.path.splitdrive('D:\\pythonfile\\file1.txt')
('D:', '\\pythonfile\\file1.txt')
```

（7）os.path.splitext(path)

功能：分离文件名与扩展名，默认返回(fname,fextension)元组，可做分片操作。

举例如下：

```
>>> import os.path
>>>os.path.splitext('D:\\pythonfile\\file1.txt')
('D:\\pythonfile\\file1', '.txt')     #分离出文件扩展名
```

（8）os.path.getsize(path)

功能：返回 path 文件的大小（字节）。

举例如下：

```
>>> import os.path
>>>os.path.getsize('D:\\pythonfile\\file1.txt')
      #返回文件大小为 0
```

9.3　经　典　案　例

下面通过两个案例的学习，进一步加深对文件及其文件夹等操作的理解和应用。

案例 1　输入当前目录下任意文件名，完成对该文件的备份功能，备份文件名为：×××[备份].后缀，×××为原文件名，例如：file1.txt 备份至 file1_备份.txt。

实现步骤：① 接收用户输入的文件名；② 规划备份文件名；③ 备份文件写入数据。

参考代码如下：

```
while True:
    #第一步:接收用户输入的文件名(要备份的文件名)
    oldfilename=input('请输入要备份的文件名称(-1退出):')
    if(oldfilename=="-1"):
        break
    #第二步:规划备份文件名(如file1_备份.txt)
    #搜索点号
    index=oldfilename.rfind('.')
    #对index进行判断,判断是否合理(index>0)
    if index>0:
        #返回文件名和文件后缀
```

```
        name=oldfilename[:index]
        postfix=oldfilename[index:]
        newfilename=name+'_备份＋postfix
        #第三步：对文件进行备份操作
        try:
            old_f=open(oldfilename,'rb')
            new_f=open(newfilename,'wb')
        except:
            print("原文件不存在，无法打开！")
            continue
        #读取源文件内容写入新文件
        while True:
            content=old_f.read(1024)
            if len(content)==0:
                break
            new_f.write(content)
        #第四步：关闭文件
            old_f.close()
            new_f.close()
        print('文件备份成功！')
    else:
        print('请输入正确的文件名称，否则无法进行备份操作……')
```

运行结果：

```
请输入要备份的文件名称(一1退出)：杨辉三角.py
文件备份成功！
请输入要备份的文件名称(一1退出)：file1.txt
原文件不存在，无法打开！
请输入要备份的文件名称(一1退出)：一1
```

案例2 批量修改文件名，既可添加指定字符串，又能删除指定字符串。

实现步骤：① 设置添加删除字符串的标识如"python-"；② 获取指定目录的所有文件；③ 将原有文件名添加/删除指定字符串，构造新名字；④ os.rename()重命名。

参考代码如下：

```
#1.导入os模块
import os
while True:
    #2.定义一个要重命名的目录
    path='D:\\pythonfile'
    #3.切换到上面指定的目录中
os.chdir(path)
```

```
#4.定义一个标识,用于确认是添加字符还是删除字符
flag＝int(input('请输入您要执行的操作(1-添加字符,2-删除字符,0-退出):'))
if(flag＝＝0):
    break
#5.对目录中的所有文件进行遍历输出＝＞os.listdir()
for file in os.listdir():
    #6.判断我们要执行的操作(1-添加字符,2-删除字符)
    if flag＝＝1:
        #01.txt＝＞python-01.txt
        newname＝'python-'＋file
        #重命名操作
        os.rename(file,newname)
        print('文件批量重命名成功')
elif flag＝＝2:
        try:
            #python-01.txt＝＞01.txt
            index＝len('python-')
            newname＝file[index:]
            #重命名操作
            os.rename(file,newname)
        except:
            print('文件批量重命名不成功')
            continue
        print('文件批量重命名成功')
    else:
        print('输入标识不正确,请重新输入……')
```

运行结果:

```
请输入您要执行的操作(1-添加字符,2-删除字符,0-退出):1
文件批量重命名成功
文件批量重命名成功
文件批量重命名成功
请输入您要执行的操作(1-添加字符,2-删除字符,0-退出):0
```

第10章 基本绘图工具Turtle库

10.1 基 础 知 识

Python语言支持绘图功能,在Python中绘图可以使用Turtle库中的函数对象。Turtle库是Python语言中的函数标准库之一,因此需要先导入该库再使用。Turtle库导入方法共有3种:

【引例】 绘制一个圆,半径为5像素。

方法一:

```
import turtle
turtle.circle(5)      #在引用标准库中函数时要注明标准库名称
```

方法二:

```
import turtle as t
t.circle(5)      #在引用标准库中函数时所注明的标准库名称可以用别名表示
```

方法三:

```
from turtle import *
circle(5)      #采用标准库所有对象导入方式,引用函数时可以直接使用
```

下面是Turtle库使用时的一些基本概念和函数使用方法。

1.画布和窗体

(1)设置画布

一般格式:

```
turtle.screensize(canvwidth=None,canvheight=None,bg=None)
```

说明:画布是用来绘图的区域,函数中共有3个参数,分别为canvwidth(指定画布宽,单位为像素)、canvheight(指定画布高,单位为像素)、bg(指定画布背景颜色),画布宽和高的默认值是400像素和300像素。

例如:设置画布宽为800像素,高为600像素,背景颜色是蓝色。

```
turtle.screensize(800,600,"blue")
```

(2)设置窗体

一般格式:

turtle.setup(width=None,height=None,startx=None,starty=None)

说明：

① setup 函数有 4 个参数，分别为 width（指定窗体的宽，单位为像素）、height（指定窗体的高，单位为像素）、坐标（startx，starty）表示窗体左上角顶点的位置，默认窗体位于屏幕的中心。

② 若参数 width 和 height 输入值为整数时，表示为像素；输入值为小数时，则表示窗体占计算机屏幕的比例。

例如：

　　　　#设置窗体宽占屏幕 60%，高占屏幕 60%，窗体位于屏幕中心

　　　　turtle.setup(width=0.6,height=0.6,startx=None,starty=None)

　　　　#设置窗体宽为 800 像素，高为 800 像素，窗体左上角位置为(100,100)

　　　　turtle.setup(width=800,height=800,startx=100,starty=100)

请注意窗体和画布不是一个概念，窗体是用来放置画布的一个容器，而画布是用来绘制图形的载体。如果画布大于窗体，就会出现滚动条，反之画布将填充整个窗体。

（3）画笔

turtle 函数库中的函数可以实现用画笔在画布上绘画的过程，绘画时默认以画布中心为坐标原点，创建了一个直角坐标轴，画笔的最初位置就在这个坐标原点的位置，默认的画笔最初运动方向在 x 轴的正方向上，这也是画笔最初的状态。

2. 常用绘图函数

turtle 函数库包含近百个功能函数，以下介绍的是一些绘图常用的函数：

（1）绘制状态函数

下面列出几个常用的绘图状态函数，如表 10-1 所示。

表 10-1　绘图状态函数

函数名	参数说明	功能/作用
Pen( )	无	启用画笔
pendown( )	无	画笔在画布上移动绘图
penup( )	无	画笔从画布上抬起，虽然移动但不绘图
pensize(width)	width 设置画笔的宽度，若为 None 和空时返回当前画笔宽度	设置画笔的宽度，无参数时默认设定为当前宽度

（2）颜色控制函数

turtle 函数库中有多个颜色控制函数，满足不同的颜色控制操作需要，如表 10-2 所示。

turtle 函数库中也可以用字符串来指定颜色，如 "red" 表示红色、"black" 表示黑色、"blue" 表示蓝色、"orange" 表示橘黄色、"green" 表示绿色、"gold" 表示金色、"yellow" 表示红色、"pink" 表示粉色。

表 10-2 颜色控制函数

函数名	参数说明	功能/作用
color(colorstring)或 color((r,g,b))或 color(r,g,b)或 color(colorstr1,colorstr2)或 color((r1,g1,b1),(r2,g2,b2))	画笔和填充颜色相同用1个参数；画笔和填充颜色不同用2个参数。colorstring：用颜色字符串或十六进制颜色值指定颜色。(r,g,b)：颜色对应RGB值	设置画笔和填充颜色，无参数时默认设定为当前画笔和当前填充颜色
pencolor(colorstring)或 pencolor((r,g,b))或 pencolor(r,g,b)	colorstring：用颜色字符串和十六进制颜色值指定颜色。(r,g,b)：颜色对应的RGB值	设置画笔颜色，无参数时默认设定为当前画笔颜色
begin_fill()	无	绘制有填充色彩图形之前被调用，表示开始填充图形色彩
end_fill()	无	绘制有填充色彩图形之后被调用，表示结束填充图形色彩
fillcolor(colorstring)或 fillcolor((r,g,b))或 fillcolor(r,g,b)	colorstring：用颜色字符串和十六进制颜色值指定颜色。(r,g,b)：颜色对应的RGB值	填充图形色彩

turtle 库中用 RGB 三原色 R、G、B 对应的三元组来指定颜色，常用叠加颜色获得指定颜色，如表 10-3 所示。

表 10-3 三元组颜色

颜色名称	红色值 Red	绿色值 Green	蓝色值 Blue
黑色	0	0	0
蓝色	0	0	255
绿色	0	255	0
红色	255	0	0
黄色	255	255	0
白色	255	255	255

（3）运动控制函数

turtle 函数库主要有 4 个运动控制函数，主要功能是控制画笔的运动方向，其中函数的参数和功能说明如表 10-4 所示。

（4）画笔控制函数

turtle 函数库中的画笔控制函数有 3 个，分别是 shape()、hideturtle() 和 showturtle()，这 3 个函数具体的功能说明如表 10-5 所示。

表 10-4　turtle 运动控制函数

函数名	参数说明	功能/作用
forward(distance)	distance：移动距离（单位：像素） 为负值时，沿 x 轴正方向的反方向前进	画笔向 x 轴正方向移动 distance 距离
backward(distance)	distance：移动距离（单位：像素） 为负值时，沿 x 轴正方向移动	画笔向 x 轴正方向的反方向移动 distance 距离
right(angle)	angle：角度整数值	画笔沿 x 轴正方向顺时针旋转角度值 angle 后移动
left(angle)	angle：角度整数值	画笔沿 x 轴正方向逆时针旋转角度值 angle 后移动
goto(x,y)	x,y：x 为坐标系的绝对横坐标值，y 为置为坐标系的绝对纵坐标值	将画笔移动到绝对位置 (x,y) 处
circle(radius[，extent=None])	radius：弧形半径，当值为正数时，半径在画笔左侧；当值为负数时，半径在画笔右侧。 extent：绘制弧形角度。不设定该参数或该参数为 None 时，默认绘制整个圆	以 radius 值为半径绘制 extent 角度的弧形

表 10-5　turtle 函数库中的画笔控制函数

函数名	说明
turtle.shape(name)	name 参数用于指定画笔的形状，形状有："arrow"，"turtle"，"circle"，"square"，"triangle"，"classic"
turtle.hideturtle()	隐藏画笔的 turtle 形状
turtle.showturtle()	显示画笔的 turtle 形状

（5）全局控制函数

turtle 函数库中的全局控制函数主要有 4 个，详细的功能说明如表 10-6 所示。

表 10-6　turtle 函数库中的全局控制函数

函数名	说明
turtle.clear()	只清空 turtle 窗口，但是 turtle 的位置和状态不改变
turtle.reset()	清空窗口，重置 turtle 状态为起始状态
turtle.undo()	撤销上一个 turtle 操作
stamp()	复制当前图形

10.2　经 典 案 例

1. 使用Python的turtle函数库画图步骤

第一步：导入turtle函数库。
第二步：创建画布，使用默认可跳过此步。
第三步：使用turtle函数库中函数绘图。
第四步：擦除画布。

2. 绘图案例

下面通过几个案例来学习使用Python的turtle函数库中函数画图的基本过程。

案例1　编写程序绘制正方形。

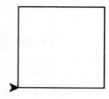

参考代码如下：

```
import turtle        #导入turtle函数库
turtle.setup(0.6,0.8)        #设置窗体大小及位置
t=turtle.Pen()        #设置画笔
t.speed(5)        #设置画笔速度
def square():        #自定义画正方形函数
    for x in range(4):        #绘制正方形
        t.forward(100)        #设置线段长度
        t.left(90)        #设置画笔逆时针绘制时角度为90度
square()        #调用自定义函数执行绘制
```

案例2　编写程序绘制多边形。

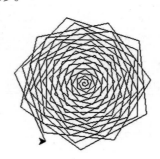

参考代码如下：

```
import turtle      #导入turtle函数库
turtle.setup(0.6,0.8)      #设置窗体大小及位置
t=turtle.Pen()      #设置画笔
t.speed(5)      #设置画笔速度
def polygon():      #自定义画多边形函数
   for x in range(120):      #绘制多边形
      t.forward(x)      #设置线段长度
      t.left(66)      #设置画笔逆时针绘制时角度为66度
polygon()      #调用自定义函数执行绘制
```

案例3　编写程序绘制半圆。

参考代码如下：

```
import turtle      #导入turtle函数库
turtle.setup(0.6,0.8)      #设置窗体大小及位置
t=turtle.Pen()      #设置画笔
t.speed(5)      #设置画笔速度
def halfcircle():      #自定义画半圆函数
   t.circle(120,180)      #绘制半圆
halfcircle()      #调用自定义函数执行绘制
```

案例4　编写程序绘制美丽的太阳花。

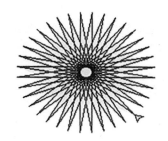

参考代码如下：

```
import turtle      #导入turtle函数库
turtle.setup(0.6,0.6)      #设置窗体大小及位置
x=turtle.Pen()      #设置画笔
x.speed(6)      #设置画笔速度
def sunflower():      #自定义画太阳花函数
x.color("red","yellow")      #设置画笔颜色和背景颜色
x.begin_fill()      #开始绘制
   for i in range(50):      #绘制太阳花线段数量为50条
      x.forward(160)      #设置线段长度
      x.right(170)      #设置画笔顺时针绘制时角度为170度
      x.end_fill()      #结束绘制
sunflower()      #调用自定义函数执行绘制
```

案例5　编写程序绘制一朵花。

参考代码如下：

```
from turtle import *        #导入turtle函数库
speed(5)        #设置绘制速度
color("black","red")        #设置花瓣颜色和填充颜色
#绘制花瓣
begin_fill()        #开始花瓣填充
for i in range(12):
    circle(50,90)
    left(90)        #设置画笔逆时针绘制时角度为90度
    circle(50,90)
    left(60)        #设置画笔逆时针绘制时角度为60度,准备绘制下一个花瓣
end_fill()        #结束花瓣填充
#绘制细枝
setheading(270)        #设置画笔绘制方向往下
fd(200)
fd(-50)
color("black","green")        #设置叶子和画笔的颜色及填充颜色
#绘制右侧叶子
begin_fill()        #开始填充右侧叶子
setheading(0)
circle(50,90)
left(90)
circle(50,90)
end_fill()        #结束填充右侧叶子
fd(20)        #移动到左侧,准备开始绘制左侧叶子
setheading(90)
#绘制左侧叶子
begin_fill()        #开始填充叶子
circle(50,90)
```

```
left(90)
circle(50,90)
end_fill()      #结束填充叶子
hideturtle()     #隐藏画笔
done     #保持画布持续显示
```

第11章 Python异常处理

11.1 异 常 概 述

在日常科研和生活中,使用计算机中的某个应用软件时,由于某种错误,可能会引发异常(exception),异常以及异常处理在计算机软件设计开发与软件测试中具有重要的地位,如图11-1所示。

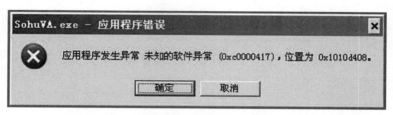

图11-1 程序异常提示

1. 异常的概念

异常是指因为程序出错而在正常控制流程之外采取的应急行为,即异常是一个事件(event),该事件可能会在程序执行过程中发生并影响程序的正常执行。一般情况下,在Python无法正常处理程序时就会发生一个异常,异常是Python对象,表示一个错误,当Python脚本发生异常时需要及时捕获处理它,否则程序将会终止执行。

在应用程序中,当Python系统检测到一个错误的时候,解释器就会第一时间指出当前流程已经出现了异常,无法继续执行下去。在Python中时常会出现异常,如使用print()函数输出一个没有明确定义(赋值)的变量值时,则会出现异常提示,举例如下:

```
>>> print(x)
Traceback (most recent call last):
    File "<pyshell#0>", line 1, in <module>
      print(x)
NameError: name 'x' is not defined
```

在Python程序中,如果发生异常,并且异常对象没有被捕获或处理,程序就会终止执行,并且回溯返回一种错误信息提示,如上所示,提示变量x没有被定义。

2. 异常类

为了防止程序运行中遇到异常而意外终止,程序开发时应该对可能出现的异常进行捕获并给予相应的处理。Python中异常类信息较多,下面列出主要异常类,如表11-1所示。

表11-1　Python异常类型

异常类	描述
BaseException	所有异常的基类
SystemExit	解释器请求退出
KeyboardInterrupt	用户中断执行(通常是输入^C)
Exception	常规错误的基类
StopIteration	迭代器没有更多的值
GeneratorExit	生成器(generator)发生异常来通知退出
StandardError	所有的内建标准异常的基类
ArithmeticError	所有数值计算错误的基类
FloatingPointError	浮点计算错误
OverflowError	数值运算超出最大限制
ZeroDivisionError	除(或取模)零(所有数据类型)
AssertionError	断言语句失败
AttributeError	对象没有这个属性
EOFError	没有内建输入,到达EOF标记
EnvironmentError	操作系统错误的基类
IOError	输入/输出操作失败
OSError	操作系统错误
WindowsError	系统调用失败
ImportError	导入模块/对象失败
LookupError	无效数据查询的基类
IndexError	序列中没有此索引(index)
KeyError	映射中没有这个键
MemoryError	内存溢出错误(对于Python解释器不是致命的)
NameError	未声明/初始化对象(没有属性)
UnboundLocalError	访问未初始化的本地变量
ReferenceError	弱引用(weak reference)试图访问已经垃圾回收了的对象
RuntimeError	一般的运行时错误
NotImplementedError	尚未实现的方法
SyntaxError	Python语法错误

续表

异常类	描述
IndentationError	缩进错误
TabError	Tab 和空格混用
SystemError	一般的解释器系统错误
TypeError	对类型无效的操作
ValueError	传入无效的参数
UnicodeError	Unicode 相关的错误
UnicodeDecodeError	Unicode 解码时的错误
UnicodeEncodeError	Unicode 编码时的错误
UnicodeTranslateError	Unicode 转换时的错误
Warning	警告的基类
DeprecationWarning	关于被弃用的特征的警告
FutureWarning	关于构造将来语义会有改变的警告
OverflowWarning	旧的关于自动提升为长整型(long)的警告
PendingDeprecationWarning	关于特性将会被废弃的警告
RuntimeWarning	可疑的运行时行为(runtime behavior)的警告
SyntaxWarning	可疑的语法的警告
UserWarning	用户代码生成的警告

11.2　异　常　处　理

为了防止程序运行中遇到异常而意外终止,程序开发时应该对可能出现的异常进行捕获并给予相应的处理。Python 程序中使用 try、except、else、finally 这 4 个关键字来实现异常的捕获与处理。

① 捕获异常可以使用 try…except 语句。

② try…except 语句用来检测 try 语句块中的错误,从而让 except 语句捕获异常信息并处理。

③ 如果你不想在异常发生时结束你的程序,只需在 try 里捕获它。

异常处理语句有多种格式,根据用户具体的使用场合与要求选择使用,下面分类介绍几种常用的异常处理语句。

1. try…except 捕获单个异常

该语句的格式如下:

```
    try:
        #可能出现异常的语句
    except 异常类名:
        #处理异常的语句
```

或者是：

```
    try:
        #可能出现异常的语句
    except 异常类名:
        #处理异常的语句
    else
        #没有发生异常时的语句,主要是提示信息
```

例1

```
    try:
    fh=open("D:\\testfile.txt","w")
    fh.write("这是一个测试文件,用于测试异常!!")
    except IOError:
        print("Error:没有找到文件或读取文件失败")
    else:
        print("内容写入文件成功")
    fh.close()
```

运行结果：

内容写入文件成功

例2

```
    try:
        x=float(input('请输入被除数'))
        y=float(input('请输入除数:'))
        print(x,'/',y,'结果为',x/y)
        print('运算结束')
    except ZeroDivisionError:
        print('除数不能为0')
    print('程序结束')
```

执行结果如下：

请输入被除数9

请输入除数:3

9.0 / 3.0 结果为 3.0

运算结束

程序结束

＞＞＞

请输入被除数5

　　请输入除数:0

　　除数不能为0

　　程序结束

从两次运行结果可以看出,程序没有触发异常执行的流程并不一致。程序中一旦发生异常,就不会执行try语句块中剩余的语句,而是直接执行except语句块。

另外需要注意的是,例2中程序只能捕捉except后面的异常类,如果发生其他异常,程序依然会终止,针对这种情况可以使用下面的异常处理语句。

2. try…except捕获所有异常

该格式使用try-except语句,但是except后面不带任何指定异常类,含义就是捕获所有异常,格式如下。

```
try:
    正常的操作
except:
    发生异常,执行这块代码
else:
    如果没有异常执行这块代码
```

3. try…except捕获多个异常

该格式有两种形式:一种是在except后面一次列出多个异常类,使用逗号分隔;另外一种形式并列使用多个except子句列出可能出现的异常类。

（1）一个except后面列出多种异常类

语法格式如下:

```
try:
    正常的操作
except(Exception1[,Exception2[,……ExceptionN]]):
    发生以上多个异常中的一个,执行这块代码
else:
    如果没有异常执行这块代码
```

（2）多个except子句分别列出多个异常类

这种形式是多个except的并列形式,其语法格式如下:

```
try:
    正常的操作
except Exception1:
    异常处理1
except Exception2:
    异常处理2
……
```

```
    else:
        如果没有异常执行这块代码
```

例3

```
    try:
        x＝float(input('请输入被除数'))
        y＝float(input('请输入除数：'))
        print(x,'/',y,'结果为',x/y)
        print('运算结束')
    except ZeroDivisionError:
        print('除数不能为0！')
    except ValueError:
        print('输入的数值错误！')
    print('程序结束')
```

执行结果：

```
    请输入被除数9
    请输入除数：3
    9.0 / 3.0 结果为 3.0
    运算结束
    程序结束
    ＞＞＞
    请输入被除数7
    请输入除数：0
    除数不能为0！
    程序结束
    ＞＞＞
    请输入被除数aa        ♯输入非数值,则异常处理提示
    输入的数值错误！
    程序结束
```

4. try…finally 语句

try-finally 语句的含义是无论是否发生异常都将执行 finally 后的代码。语法格式如下：

```
    try:
        ＜语句＞
    finally:
        ＜语句＞        ♯退出 try 时总会执行
```

举例如下：

```
    try:
        a＝b
        print(a)
```

```
finally:
    print("青岛科技大学")
print("这是 try-finally 的应用")
```

执行结果：

青岛科技大学

Traceback (most recent call last):

File "C:/Users/dell/Desktop/Python 程序设计新书/2022 年新版/11-3.py", line 3, in <module>

　　a=b

NameError: name 'b' is not defined

结果显示发生了异常，除了异常提示外，执行了 finally 下的语句 print("青岛科技大学")，输出了"青岛科技大学"。

修改上述程序代码，增加了 except 语句。

```
try:
    a=b
    print(a)
except:
    print("发生了异常！")
finally:
    print("青岛科技大学")

print("这是 try-finally 的应用")
```

执行结果如下：

发生了异常！

青岛科技大学

这是 try-finally 的应用

第2部分　实验设计与解析

    Python是一种入门相对较容易的语言,但是要真正把握它却很难。学生在完成理论部分的学习后,要对相关知识进行上机实践,加深利用Python编程工具对解决实际问题的理解,从而加强对课程中重要知识点的分析和练习,以提高学生解决问题的能力和实际动手能力,激发学习兴趣,并为今后的学习、工作和科研打下坚实基础。

    本部分共设计了12个实验项目,将Python的程序设计过程循序渐进展开,实验内容分为验证型实验、设计型实验和综合型实验。验证型实验主要是让学生通过读程序和程序验证过程,巩固和加强有关知识内容,培养实验操作能力,达到理解程序设计方法和设计过程的目的;设计型实验要求学生通过自己实验、分析和研究得到结论,形成相应的知识结构,从而具有一定独立解决问题的能力和水平;综合型实验是前期实验内容的延续和扩展,对实验内容添加了新的要求和难度,使程序设计更趋于合理性,由浅入深地引导学生探索问题和思考。

    实验目的采用星级设计,直观地反映出该实验设计内容中的权重程序,也就是重要性或难度性的程序。同时在上机实践过程中,结合课程性质、学生特点,选择恰当的课程思政元素,让德育元素贯穿实践全过程,在"润物细无声"的知识学习中融入师德教育的精神指引,这是新时代高校开展全方位育人的有效尝试,更是高校教学理念的创新与升华。融入了课程思政元素的实验设计,在内容之后均带有"思政"字样。

实验1 Python基础知识操作练习

1. 实验性质

验证型实验★★★★,设计型实验★。

2. 实验学时

2学时。

3. 实验目的

序号	实验目的	星级
1	熟悉Python安装与开发环境搭建	★
2	掌握Python IDLE环境的使用方法	★★★
3	熟练掌握Python语言程序在IDLE环境下两种方式的编写过程	★★★★
4	练习Python运行程序、调试程序的基本技能	★★
5	熟悉Python语言程序的编程特点	★

4. 预备知识

❖ Python编程支持两种操作模式:① 命令行方式,方便初学者边学边练;② 编辑器源程序方式,方便代码开发使用。

❖ Python命令行操作方式的提示符为">>>",在命令行方式下,输入语句按回车(Enter)键即可立即执行,不仅可以调试、测试单行语句,而且可以调试、测试复合语句,设置可以编写小规模程序。

❖ Python有两种注释方式:"#"是单行注释,三引号常用于说明文字较多的文本注释。不论是哪种注释,都不影响代码的运行。

❖ Python是一门解释型语言,它没有编译过程,Python的解释器不产生目标机器代码,通过解释器对程序逐行作出解释,然后直接运行。

❖ Python程序逻辑结构是通过缩放形式严格规范控制的,否则程序会结构混乱,显示异常。在IDLE环境下冒号后按回车键就会自动在下一行缩进,一般自动缩进4个空格。

❖ 分析和理解Python的特点:Python是一种脚本语言;既支持面向过程编程,也支持面向对象编程;Python具有高可移植性,程序无需修改就可以在多个平台上运行;Python拥有非常庞大的标准库和第三方扩展库。

5. 实验内容

（1）请使用IDLE环境下的两种方式输出"我喜欢Python程序设计课程"。

（2）请验证以下内容,熟悉程序错误提示和错误修改的方法。

操作如下:

```
>>>5-2    #运算符为英文半角
3
>>>5-2    #运算符-为全角,显示错误提示
SyntaxError: invalid character in identifier
>>>n=1
>>>for i in range(1,6);    #运算符错误,显示错误提示
SyntaxError: invalid character in identifier
>>>for i in range(1,6):
       n=n*i    #自动缩放4个空格
>>>print('n=',n)
n=24
```

（3）求1+2+3+…+100的累加和。（分别验证三种解决方法）

（4）输出如实验图1-1的等腰三角形图案。（分别验证两种解决方法）

实验图1-1 等腰三角形图案

（5）计算出1～100中3的倍数以及数字中带3的数。

6. 实验解析

（1）请使用IDLE环境下的两种方式输出"我喜欢Python程序设计课程"。

【题目分析】

本题要求采用两种不同方式得到相同的结果。Python的IDLE环境支持两种操作模式,命令行方式主要用于简单程序调试,编辑器方式方便代码开发使用。

【参考代码】

方法一:命令行方式。

```
>>> print("我喜欢Python程序设计课程")
我喜欢Python程序设计课程
```

方法二:编辑器方式:执行File → New File命令,打开IDLE编辑器。

① 编辑器中编辑程序代码,并保存。如实验图1-2所示。

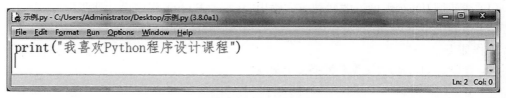

实验图1-2　编辑器环境

② 运行编写好的程序代码:执行 Run → Run Module 命令。运行结果如实验图1-3所示。

```
Python 3.8.0a1 (tags/v3.8.0a1:e75eeb00b5, Feb  3 2019, 19:46:54) [MSC v.1916 32
bit (Intel)] on win32
Type "help", "copyright", "credits" or "license()" for more information.
>>>
=============== RESTART: C:/Users/Administrator/Desktop/示例.py ===============
我喜欢Python程序设计课程
>>> |
```

实验图1-3　运行结果

(2)请验证以下内容,熟悉程序错误提示和错误修改的方法。

过程略。

(3)求1+2+3+…+100的累加和。(分别验证三种解决方法)

【题目分析】

本题采用内置函数sum()、for循环结构和自定义函数三种方法,认识这三种不同实现方法的基本格式,初步认识Python的编程风格,逐步学会编写具有Python特色程序的方法。

【参考代码】

方法一:利用函数sum()实现。

```
>>> print("方法1:1+2+3+……+100=",sum(range(1,101)))
```

方法二:利用循环结构(for循环)实现。

```
s=0
for i in range(1,101):
    s=s+i
print("方法2:1+2+3+……+100=",s)
```

方法三:利用自定义函数实现。

```
def i_sum(n):
    s=0
    for i in range(1,n):
        s=s+i
    return s
```

print("方法3:1+2+3+……+100=",i_sum(101))

【运行结果】

运行结果如实验图1-4所示。

```
Python 3.8.0a1 Shell
File  Edit  Shell  Debug  Options  Window  Help
Python 3.8.0a1 (tags/v3.8.0a1:e75eeb00b5, Feb  3 2019, 19:46:54) [MSC v.1916 32
bit (Intel)] on win32
Type "help", "copyright", "credits" or "license()" for more information.
>>>
=============== RESTART: C:/Users/Administrator/Desktop/示例.py ===============
1+2+3+……+100= 5050
>>>
                                                                    Ln: 6  Col: 4
```

实验图1-4　运行结果

（4）输出等腰三角形图案。（分别验证两种解决方法）

【题目分析】

本题采用算法实现和格式实现两种方式,充分展现了Python多方式解决问题的特点。Python语言有着自己独特的风格,相对于C/C++语言、Java语句或者C#语言,个性更加鲜明。

【参考代码】

方法一:利用算法实现。

```
for i in range(1,9):
    print(' '*(9-i),'*'*i)
```

方法二:利用格式实现。

```
for i in range(1,9):
    print(('* '*i).center(18))
```

【运行结果】

略。

（5）计算出1～100中3的倍数以及数字中带3的数。

【题目分析】

本题用Python编程两行代码就可解决问题,核心语句就只有一条,但是功能强大,我们可以体会Python语言简洁高效的特点,从而更加适应信息技术的发展要求。

【参考代码】

```
s=[x for x in range(1,101) if x%3==0 or ('3' in str(x))]
print(s)     #直接输出结果
```

【运行结果】

运行结果如实验图1-5所示。

实验图1-5　运行结果

实验2　Python基本数据类型操作练习

1. 实验性质

验证型实验 ★★，设计型实验 ★★★。

2. 实验学时

2学时。

3. 实验目的

序号	实验目的	星级
1	掌握Python运算符与表达式的用法	★★
2	熟练掌握Python基本数据类型(整数、浮点数、字符串)的相关编程	★★★
3	了解浮点数运算误差的产生	★
4	掌握常用Python内置函数的用法	★★★
5	掌握输出函数print( )和输入函数input( )的使用和编程	★★★

4. 预备知识

❖ Python中的常量就是指其值不能改变的量，如数值常量、字符串常量、列表常量、元组常量和字典常量等。在不超出内存大小限制的前提下，Python支持任意大的数值常量。

❖ Python中的变量就是指其值可以改变的量。Python是弱数据类型语言，变量不需要预先声明变量名和类型，直接赋值可以创建任意类型的变量对象，即通过赋值语句就可以直接创建变量。并且Python不仅允许改变变量的值，还允许改变变量的类型。

❖ Python运算符非常丰富，主要包括6类：赋值运算符，算术运算符，关系运算符，逻辑运算符，位运算符，特殊运算符。要记住每一种运算符的运算规则及特点，能根据运算符的优先级高低进行复杂的运算。

❖ 熟悉并掌握Python的33个关键字，在变量命名、函数定义、数据库字段命名等具体应用中要避免使用这些关键字命名标识符，否则系统会抛出异常或者造成程序运行出错。

❖ Python内置函数是Python解释器中预先定义好的函数，Python的内置函数十分丰富，不需要额外导入任何模块即可直接使用，要记住常用内置函数的语法格式、参数要求和功能，熟练掌握常用内置函数的使用。

❖ Python的基本输入函数是input( )，该函数用来接收用户的键盘输入；Python的基本输出函数是print( ),该函数用来将数据以指定的格式输出到标准控制台设备(如显示器)或者文件对象。

5. 实验内容

(1)请验证代码,掌握Python内置对象的用法,以变量类型转换为例。

① 整型变量。

```
>>> a=6        #将常数6赋给整型变量a
>>> type(a)      #测试变量a的数据类型,type( )是测试类型的内置函数
<class 'int'>      #int表示为整型类型
```

② 字符串变量。

```
>>> a="青岛科技大学"      #将常量"青岛科技大学"(双引号为界定符)赋给字符串
变量a
>>> a    #输出变量的值
'青岛科技大学'
>>> type(a)      #用测试变量a的数据类型
<class 'str'>      #str表示为字符串类型
```

③ 变量类型转换。

```
>>> a=6
>>> type(a)
<class 'int'>      #a为整型变量
>>> a="青岛科技大学"
>>> type(a)
<class 'str'>      #变量a的类型转换为字符串类型
```

(2)请验证代码,掌握Python运算符与表达式的用法,以乘法运算、除法运算和整除运算为例。

① 乘法运算。

```
>>> 6*3      #数值算术乘法运算
18
>>> 'QUST'*3      #字符串乘法运算
'QUSTQUSTQUST'
>>> True*5      #逻辑值乘法运算,逻辑值(真,True==1;假,False==0)
5
```

② 除法运算和整除运算。

```
>>> 9/3      #数值算术除法运算,结果为实数
3.0
>>> 9//4      #数值算术整除运算,结果为整数
2
>>> -7/3      #数值算术除法运算,一个数为负数,结果为负实数
```

　　－2.3333333333333335

　　＞＞＞ －7//3　　　#数值算术整除运算,一个数为负数,结果为向下取整的负整数

　　－3

（3）请验证代码,掌握常用 Python 内置函数的用法,以 eval( )和 input( )函数为例。

① 求值函数 eval( )。

　　＞＞＞ eval("99")　　#数字字符串转换为整数

99

　　＞＞＞ eval("35＋45")　　　#表达式字符串转换为数值表达式,并计算求值

80

常见错误用法:

　　＞＞＞ eval("099")　　　#不支持以 0 开头的数字字符串转换

SyntaxError: invalid token

　　＞＞＞ eval("abc")　　　#不支持非数字字符串转换

NameError: name 'abc' is not defined

② 输入函数 input( )和类型测试函数 type( )。

　　＞＞＞ x＝input("请输入:")

　　请输入:67

　　＞＞＞ type(x)

　　＜class 'str'＞　　　#变量 x 是字符串型

　　＞＞＞ x＝eval(input("请输入:"))　　　#使用 eval( )函数求值

　　请输入:67

　　＞＞＞ type(x)

　　＜class 'int'＞　　　#变量 x 是整型

　　＞＞＞ y＝input("请输入:")

　　请输入:89

　　＞＞＞ int(y)　　　#将变量 y 的数值转换为整型

　　89

　　＞＞＞ type(y)

　　＜class 'str'＞　　　#变量 y 仍是字符串型

特殊用法:

　　＞＞＞ a＝input("请输入:")

　　请输入:'qust'　　　#字符串输入加界定符

　　＞＞＞ eval(a)　　　#求值

　　'qust'

　　＞＞＞ type(a)

　　＜class 'str'＞

　　＞＞＞ z＝input("请输入:")

　　请输入:qust　　　#字符串输入不加界定符

　　＞＞＞ eval(z)　　　#求值报错

NameError: name 'qust' is not defined

（4）编写程序计算长方形的面积。

（5）输入华氏温度h,求摄氏温度c,其中转换公式为:摄氏温度＝5/9*(华氏温度－32)。

（6）输入直角三角形的两个直角边的长度a、b,求斜边c的长度。

（7）输入两个数给变量a和b,交换值后输出。

（8）输入一个三位整数,分别输出各个位上的数码。

6. 实验解析

（1）编写程序计算长方形的面积。

【题目分析】

先利用基本输入函数input()输入长方形的长和宽,再利用长方形面积的数学公式进行计算,最后将最终结果进行输出。

【参考代码】

```
a＝eval(input("请输入长方形的长:"))
b＝eval(input("请输入长方形的宽:"))
area＝a*b
print("长方形的面积为:",area)
```

【运行结果】

运行结果如实验图2-1所示。

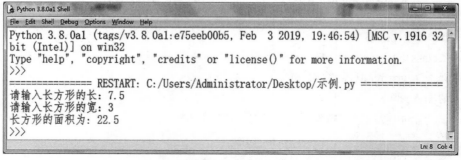

实验图2-1　运行结果

（2）输入华氏温度h,求摄氏温度c,其中转换公式为:摄氏温度＝5/9*(华氏温度－32)。

【题目分析】

先利用基本输入函数input()输入华氏温度h的值,再利用转换公式进行计算得到相应的摄氏温度c,最后将最终结果进行输出。

【参考代码】

```
h＝float(input("请输入华氏温度值:"))
c＝5/9*(h－32)
print("摄氏温度为:",c)
```

【运行结果】

运行结果如实验图2-2所示。

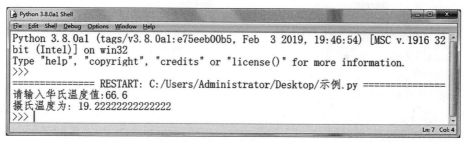

实验图 2-2　运行结果

（3）输入直角三角形的两个直角边的长度 a、b，求斜边 c 的长度。

【题目分析】

先利用基本输入函数 input( ) 输入直角三角形的两个直角边的边长 a 和 b，再利用勾股定理的变形公式计算得到斜边的长度 c，最后将最终结果进行输出。注意：本题使用了标准库函数 sqrt( )，因此需要在程序开始用关键字 import 导入包含此函数的标准函数库 math。

【参考代码】

```
import math
a＝float(input("请输入直角边a的长度:"))
b＝float(input("请输入直角边b的长度:"))
c2＝a**2＋b**2        #计算得到斜边的平方值
c＝math.sqrt(c2)
print("斜边长为:",c)
```

【运行结果】

运行结果如实验图 2-3 所示。

```
Python 3.8.0a1 Shell
File  Edit  Shell  Debug  Options  Window  Help
Python 3.8.0a1 (tags/v3.8.0a1:e75eeb00b5, Feb  3 2019, 19:46:54) [MSC v.1916 32
bit (Intel)] on win32
Type "help", "copyright", "credits" or "license()" for more information.
>>>
=============== RESTART: C:/Users/Administrator/Desktop/示例.py ===============
请输入直角边a的长度: 3
请输入直角边b的长度: 4
斜边长为: 5.0
>>>
                                                                      Ln: 8  Col: 4
```

实验图 2-3　运行结果

（4）输入两个数给变量 a 和 b，交换值后输出。

【题目分析】

先利用基本输入函数 input( ) 输入两个变量 a 和 b 的值，再利用 Python 所特有的多重赋值语句将变量 a 和 b 的值进行交换，最后将最终结果进行输出。Python 变量不直接存储值，只是引用一个内存地址，交换变量时，只是交换了引用的地址。注意：此题目还有多种其他的做法，此处不再赘述。

【参考代码】

```
a＝int(input("输入a值:"))
b＝int(input("输入b值:"))
print("交换前:a＝{0},b＝{1}".format(a,b))
a,b＝b,a
print("交换后:a＝{0},b＝{1}".format(a,b))
```

【运行结果】

运行结果如实验图2-4所示。

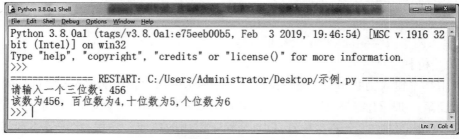

实验图2-4　运行结果

（5）输入一个三位整数,分别输出各个位上的数码。

【题目分析】

如何进行拆数,是Python算术运算符的一个典型应用。一定要注意除法"/"、整除"//"和取余数"％"的运算规则,可以通过举例找出取百位数、十位数和个位数的通用方法。在三位整数的拆数基础上,还可以触类旁通地找到四位整数的拆数方法。

【参考代码】

```
m＝int(input("请输入一个三位数:"))
a＝m//100
b＝(m-a*100)//10       ♯另一种方法:b＝m％100//10
c＝m-a*100-b*10        ♯另一种方法:c＝m％10
print("该数为{0},百位数为{1},十位数为{2},个位数为{3}".format(m,a,b,c))
```

【运行结果】

运行结果如实验图2-5所示。

```
Python 3.8.0a1 Shell
File  Edit  Shell  Debug  Options  Window  Help
Python 3.8.0a1 (tags/v3.8.0a1:e75eeb00b5, Feb  3 2019, 19:46:54) [MSC v.1916 32
bit (Intel)] on win32
Type "help", "copyright", "credits" or "license()" for more information.
>>>
============== RESTART: C:/Users/Administrator/Desktop/示例.py ==============
请输入一个三位数: 456
该数为456,百位数为4,十位数为5,个位数为6
>>> |
                                                                          Ln: 7  Col: 4
```

实验图2-5　运行结果

实验3 Python选择结构操作练习

1. 实验性质

验证型实验★,设计型实验★★★★。

2. 实验学时

2学时

3. 实验目的

序号	实验目的	星级
1	熟悉Python中表示条件的方法	★
2	掌握Python选择结构的一般形式和特点	★★★
3	熟练掌握if单分支、if…else双分支选择结构的用法	★★★★
4	掌握多分支选择结构的编程特点	★★★
5	综合所学知识解决一般性应用问题	★★

4. 预备知识

❖ Python的程序控制结构包括顺序结构、选择结构和循环结构,如实验图3-1所示。

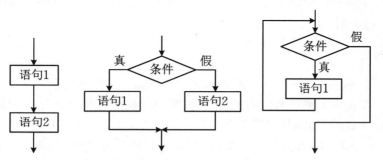

实验图3-1 Python的三种程序控制结构

❖ 顺序结构就是程序按照自上而下的顺序一条接着一条执行程序结构;选择(分支)结构和循环结构需要通过判断条件表达式的值来确定下一步的执行路径(或流程)。

❖ 选择结构也叫分支结构,是指在程序执行过程中根据对条件表达式的不同判定结果而执行不同方向的语句块。常见的选择结构有如下4种:① 单分支选择结构;② 双分支选择结构;③ 多分支选择结构;④ 嵌套的分支结构。

❖ 单分支选择结构的语法格式:

    if＜条件表达式＞:

        语句组

❖ 双分支选择结构的语法格式:

    if＜条件表达式＞:

        语句组1

    else:

        语句组2

❖ 多分支选择结构的语法格式:

    if＜条件表达式1＞:

    语句组1

    elif＜条件表达式2＞:

        语句组2

    elif＜条件表达式3＞:

        语句组3

        ……

    else:

    语句组n+1

❖ 选择和循环结构中要用到条件表达式,条件表达式的值有真(True)、假(False)以及其等价值,等价值的范围比较广,需要区分清楚。

❖ 条件表达式后面的":"不可缺少,它表示一个语句块的开始,并且满足该条件时要执行的语句块必须做相应的缩进,一般以4个空格为缩进单位。

❖ 在多分支选择结构中,要特别注意else与elif的不同,else表示除前面情况之外的其他所有情况,而elif表示前面的条件不满足但是满足后面的条件,又加了一层约束和限制。在编写程序时,一定要正确使用else和elif,否则很可能会出现逻辑错误,导致程序虽然能执行但是得不到正确结果。

5. 实验内容

(1) 已知三角形的三边长 a,b,c,利用海伦公式求该三角形的面积。

(2) 输入一个整数判断能否同时被5和7整除,若能,则输出"Yes",否则输出"No"。

(3) 输入学生成绩,判定其成绩等级。

(4) 编写一个简单的出租车计费程序,当输入行程的总里程时,输出乘客应付的车费(车费保留一位小数)。计费标准具体为起步价10元/3千米,超过3千米,费用为1.2元/千米,超过10千米以后,费用为1.5元/千米。

(5) 鸡兔同笼问题:从键盘输入鸡兔的总数和腿的总数,求鸡、兔的实际个数。【思政】

6. 实验解析

(1) 已知三角形的三边长 a,b,c，利用海伦公式求该三角形的面积。

【题目分析】

海伦公式为：三角形面积 area $=\sqrt{s*(s-a)*(s-b)*(s-c)}$，其中，s $=\dfrac{a+b+c}{2}$。

不是所有的任意三边长都能构成有效三角形，只有能构成有效三角形的情况，才可以使用海伦公式求三角形的面积。此题参考代码缺少有效性的判断。

【参考代码】

```
a=float(input("输入边长 1:"))
b=float(input("输入边长 2:"))
c=float(input("输入边长 3:"))
if a+b>c and b+c>a and c+a>b:
    s=(a+b+c)/2
    area=(s*(s-a)*(s-b)*(s-c))**0.5
    print("三角形的面积=%.2f"%area)
else:
    print("不能构成三角形")
```

【运行结果】

运行结果如实验图 3-2 所示。

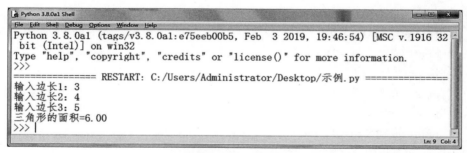

实验图 3-2　运行结果

(2) 输入一个整数判断能否同时被 5 和 7 整除，若能，则输出 "Yes"，否则输出 "No"。

【题目分析】

这是一个典型的双分支选择结构。要注意条件表达式的书写，题目要求 "同时被 5 和 7 整除"，要用到逻辑运算符，同时还要注意程序的缩进格式。

【参考代码】

```
a=int(input("请输入一个整数:"))
if a%5==0 and a%7==0:
    print("Yes")
else:
    print("No")
```

【运行结果】

运行结果如实验图3-3所示。

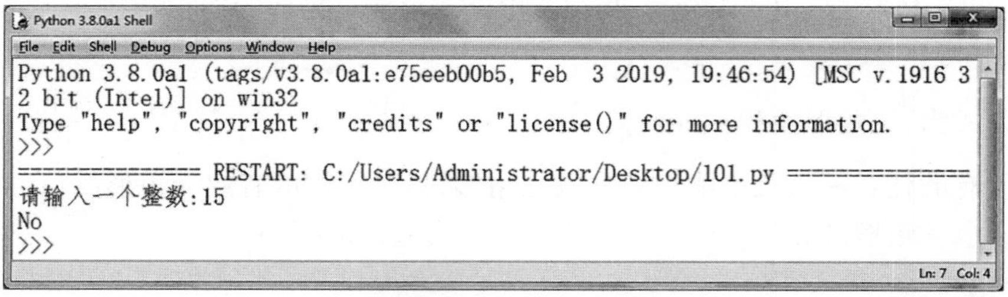

实验图3-3 运行结果

（3）输入学生成绩，判定其成绩等级。

【题目分析】

使用变量score存放一个学生成绩，先根据变量score是否为有效分数进行分支处理，然后再对有效分数进行分支处理，这是一个典型的六分支选择结构。在多分支选择结构中，一定要对条件表达式多加注意，保证对于任意一个分数，总有一个分支是成立的。

【参考代码】

```python
score=int(input("请输入一个成绩:"))
if score>100 or score<0:
    print("错误，请重新输入正确的成绩！")
elif score>=90:
    print("成绩优秀=A")
elif score>=80:
    print("成绩良好=B")
elif score>=70:
    print("成绩中等=C")
elif score>=60:
    print("成绩及格=D")
elif score>=0:
    print("成绩不及格=E")
```

【运行结果】

运行结果如图实验3-4所示。

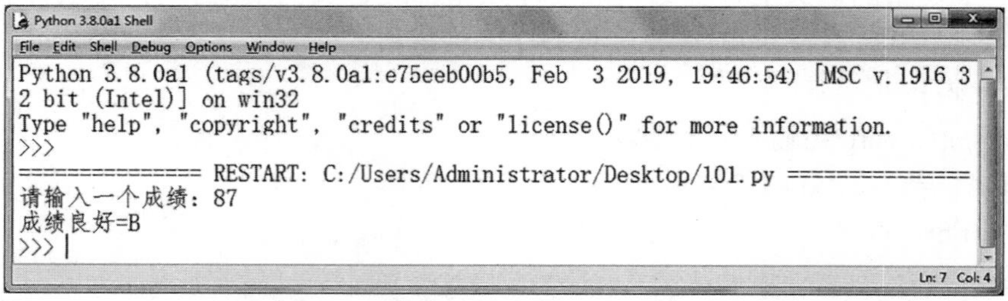

图实验3-4 运行结果

（4）编写一个简单的出租车计费程序，当输入行程的总里程时，输出乘客应付的车费（车费保留一位小数）。计费标准具体为起步价 10 元/3 千米，超过 3 千米，费用为 1.2 元/千米，超过 10 千米以后，费用为 1.5 元/千米。

【题目分析】

使用变量 km 存放总里程，先根据变量 km 是否为有效总里程进行分支处理，然后再对有效总里程进行分支处理，这是一个典型的三分支选择结构。在多分支选择结构中，一定要对条件表达式多加注意，保证对于任意一个里程数，总有一个分支是成立的。

【参考代码】

```
km=float(input("请输入千米数:"))
if km<=0:
    print("千米数输入错误,重新输入")
elif km<=3:
    print("您需要支付10元车费")
elif km<=10:
    cost=10+(km-3)*1.2
    print("您需要支付{:.1f}元车费".format(cost))
else:
    cost=18.4+(km-10)*1.5
    print("您需要支付{:.1f}元车费".format(cost))
```

【运行结果】

运行结果如实验图 3-5 所示。

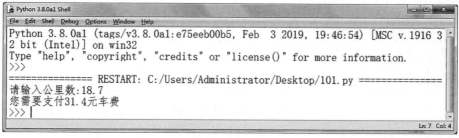

实验图 3-5 运行结果

（5）鸡兔同笼问题：从键盘输入鸡兔的总数和腿的总数，求鸡、兔的实际个数。【思政】

【题目分析】

鸡兔同笼是中国古代的数学名题之一。大约在 1500 年前，《孙子算经》中就记载了这个有趣的问题。书中是这样叙述的："今有雉兔同笼，上有三十五头，下有九十四足，问雉兔各几何？"意思是：有若干只鸡兔同在一个笼子里，从上面数有 35 个头，从下面数有 94 只脚。问笼中鸡和兔各有几只？

《孙子算经》中的解题思路是这样的：假如砍去每只鸡、每只兔一半的脚，则每只鸡就变成了"独角鸡"，每只兔就变成了"双脚兔。"这样，鸡和兔的脚的总数就由 94 只变成了 47 只；如果笼子里有一只兔子，则脚的总数就比头的总数多 1。因此，脚的总只数 47 与总头数 35 的差,就是兔子的只数,即47-35=12(只),显然鸡的只数就是35-12=23(只)了。这一思路新颖而奇特,其"砍足法"也令古今中外的数学家赞叹不已。

我国古代的科学发展的辉煌成就,全世界有目共睹,但目前我们在某些高科技领域和国外发达国家存在一定差距,也是不争的事实,当代大学生要有强烈的社会责任感和历史使命感,续写我们在科学发展领域的辉煌。

我们设鸡和兔的总数为s,腿的总数为t,鸡的个数为ji,兔的个数为tu,则有以下方程组:

$$ji+tu=s$$
$$2 \times ji+4 \times tu=t$$

可以解得$tu=(t-s \times 2)/2$,进而得到ji的值。

【参考代码】

```
s,t=map(int,input("请输入鸡兔总数和腿总数,之间用空格分隔:").split())
tu=(t-s*2)/2
#int(tu)==abs(tu)腿总数不能为奇数,abs(tu)腿不能为负数
if int(tu)==abs(tu):     #另一种表述:if((t-s*2)%2)==0 and tu>0:
    print("鸡:{0},兔:{1}".format(int(s-tu),int(tu)))
else:
    print("输入的数据不正确,无解!!")
```

【运行结果】

运行结果如实验图3-6所示。

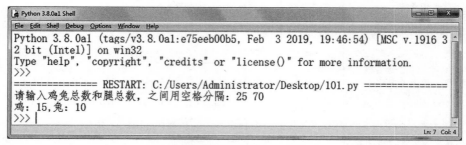

实验图3-6 运行结果

实验4 Python循环结构操作练习

1. 实验性质

验证型实验★,设计型实验★★★★。

2. 实验学时

2学时。

3. 实验目的

序号	实验目的	星级
1	掌握Python循环结构的一般形式和特点	★★
2	熟练掌握for循环、while循环结构的用法	★★★★
3	练习二重循环嵌套的编程	★★
4	综合所学知识解决一般性应用问题	★★★
5	练习循环方法实现的多种算法	★★

4. 预备知识

❖ 循环选择就是程序中控制某条或某些指令重复执行的结构。在Python中主要有如下两种循环结构:① for循环结构;② while循环结构。

❖ for循环和while循环区别不大,但在实际应用中,针对性不太一样。对于循环次数已知的情况,建议使用for循环;对于循环次数未知的情况,建议使用while循环。

❖ for循环结构的语法格式:

    for <取值变量>in <序列或者迭代对象>:

        循环体语句组

    [else:

    else 子句组]

❖ while循环结构的语法格式:

    while<条件表达式>:

        循环体语句组

    [else:

    else 子句语句组]

❖ 重点掌握遍历循环的知识及应用。Python通过for循环实现遍历循环。遍历过程中,循环变量默认初始为元素组中的第0个元素,每次循环结束后循环变量都向后推移,即从第 n 个变为第 $n+1$ 个,直至遍历完结构中的所有元素。

❖ break语句在for循环和while循环都可以使用,一般放在if选择结构中,一旦break语句被执行,将跳出当层循环,提前结束当层循环;continue语句的作用是终止当次循环,忽略当次循环的后续语句,然后回到循环的顶端,提前进入下一次循环。

❖ Python允许在一个循环体里面嵌入另一个完整的循环结构,称之为循环嵌套。我们重点掌握二重循环结构,其总共的循环次数=外循环次数×内循环次数。循环嵌套最适宜描述一些特定的算法,如九九乘法口诀表的输出、百马百担、百钱买百鸡,等等。

5. 实验内容

(1) 输入一个整数,分别用for循环和while循环结构求该数的阶乘。

(2) 输入10个数,统计输入正数的个数,并输出。(要求:保证只有输入的是10个数值,才输出结果。)

(3) 数字组合,有四个数字:1,2,3,4,能组成多少个互不相同且无重复数字的三位数?各是多少?

(4) 斐波那契数列Ⅱ,有一分数序列:2/1,3/2,5/3,8/5,13/8,21/13,…求出这个数列的前20项之和。

(5) 登录验证信息:用户名是admin,密码是123456。如果该用户输入正确,则输出"身份验证成功";三次验证不正确,则输出"身份验证失败"。

(6) 已知三角形的三边长 a,b,c ,利用海伦公式求该三角形的面积。(要求:保证只有输入的三个值构成三角形,才输出结果。)

(7) 输入学生成绩,判定其成绩等级。(要求:保证输入正确成绩0～100分后判定并输出结果。)

(8) 蒙特卡罗法计算圆周率。蒙特卡罗方法是一种通过概率得到近似解的方法。假设有一块边长为2的正方形木板,上面画一个单位圆,然后随意往木板上扔飞镖,落点坐标 (x, y) 必然在木板上(更多的时候是落在单位圆内),如果扔的次数足够多,那么落在单位圆内的次数除以总次数再乘以4,这个数字会无限逼近圆周率的值。编写程序,模拟蒙特卡罗计算圆周率近似值的方法,输入掷飞镖次数,然后输出圆周率近似值。

(9) 求 $s=1^3+2^3+3^3+\cdots+100^3$ 的值。分别用for循环和while循环结构实现。【思政】

6. 实验解析

(1) 输入一个整数,分别用for循环和while循环结构求该数的阶乘。

【题目分析】

for循环一般用于循环次数预先可知的情况,while循环一般用于循环次数预先未知的情况。要注意循环的四要素(初值、终值、步长和循环体)的配合使用。编程时一般优先考虑使用for循环。else子句为可选项,根据需要使用。

【参考代码】

方法1:用for循环结构。

```
s＝1
n＝int(input("输入一个整数："))
n＝abs(n)      #取绝对值
i＝1
for i in range(1,n＋1):
    s＝s*i
else:
    print("数"＋str(n)＋"的阶乘＝",s)
```

方法2：用while循环结构

```
s＝1
n＝int(input("输入一个整数："))
n＝abs(n)      #取绝对值
i＝1
while i＜＝n:
    s＝s*i
    i＝i＋1
else:
    print("数"＋str(n)＋"的阶乘＝",s)
```

【运行结果】

运行结果如实验图4-1所示。

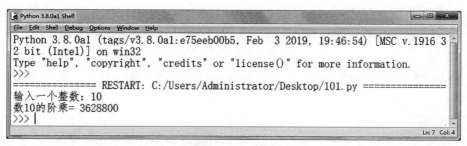

实验图4-1　运行结果

（2）输入10个数，统计输入正数的个数，并输出。（要求：保证只有输入的是10个数值，才输出结果）

【题目分析】

先对输入的数据进行判断，如果不是数值就提醒用户重新输入，确保输入数据的有效性。定义变量i为循环变量，定义变量k为统计变量，两者的作用不相同。该题目也可以采用for循环实现。

【参考代码】

```
i＝k＝0
while i＜10:
    n＝input("输入第"＋str(i＋1)＋"数＝")
```

```
        if not n.replace("-","").isdigit():      #判断是否是数值
            print("输入的不是数值！请重新输入！")
            continue
        else:
            i＝i＋1
            if int(n)<＝0:
                continue
            k＝k＋1
    print("10个数中正数的个数＝",k)
```

【运行结果】

运行结果如实验图4-2所示。

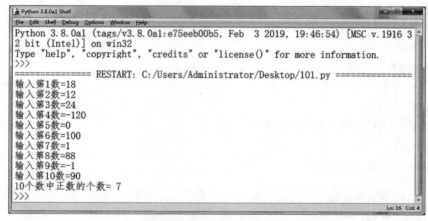

实验图4-2　运行结果

（3）数字组合，有四个数字：1，2，3，4，能组成多少个互不相同且无重复数字的三位数？各是多少？

【题目分析】

这种题目最好采用穷举法。穷举法也叫枚举法，是利用计算机运算速度快、精确度高的特点，对要解决问题的所有可能情况，一个不漏地进行检验，从中找出符合要求的答案，因此穷举法是通过牺牲时间来换取答案的全面性。穷举法一般需要使用循环的嵌套形式来实现。注意不同级别的循环变量不能相同。

【参考代码】

```
total＝0
for i in range(1,5):
    for j in range(1,5):
        for k in range(1,5):
            if((i!＝j)and(j!＝k)and(k!＝i)):
                print(i,j,k)
                total＋＝1
```

```
print("一共有:",total,"个组合.")
```

【运行结果】

运行结果如实验图4-3所示。

实验图4-3　运行结果

（4）斐波那契数列Ⅱ，有一分数序列：2/1,3/2,5/3,8/5,13/8,21/13,…求出这个数列的前20项之和。

【题目分析】

斐波那契（Fibonacci,1170～1250年）是意大利的数学家,被认为是"中世纪最有才华的西方数学家"。斐波那契数列Ⅱ是一个典型的线性递推数列,它的规律是:后一项分数的分子等于前一项分数的分子与分母之和,后一项分数的分母等于前一项分数的分子。

【参考代码】

```
a=2.0
b=1.0
s=0
for n in range(1,21):
    s+=a/b
    a,b=a+b,a
print(s)
```

【运行结果】

运行结果如实验图4-4所示。

实验图4-4　运行结果

（5）登录验证信息：用户名是admin，密码是123456。如果该用户输入正确，则输出"身份验证成功"；三次验证不正确，则输出"身份验证失败"。

【题目分析】

用变量username存放用户名，变量password存放密码，变量命名做到"见名思意"是一个好的选择。要注意变量flag的作用，它是一个标志量，其值表示最终结果，若其结果为1表示"身份验证成功"，若其结果为0表示"身份验证失败"。中断语句break结合if语句使用，达到可以提前退出循环结构的目的。

【参考代码】

```
for i in range(1,4):
    username=input("请输入用户名：")
    password=input("请输入密码：")
    flag=0
    if username=='admin' and password=='123456':
        flag=1
        break
    elifi!=3:
        print("\n用户名和密码输入错误，请重新输入!")
    if flag==1:
        print("\n身份验证成功!")
    else:
        print("\n身份验证失败!")
```

【运行结果】

运行结果如实验图4-5所示。

（6）已知三角形的三边长a,b,c，利用海伦公式求该三角形的面积。（要求：保证只有输入的三个值构成三角形，才输出结果）

【题目分析】

利用海伦公式计算三角形面积，此处不再赘述。相较之前的实验，此次实验我们加入了构成三角形的数据有效性判断，若用户输入的三条边长不能构成有效三角形，则提示用户重新输入，直至用户输入有效数据为止。

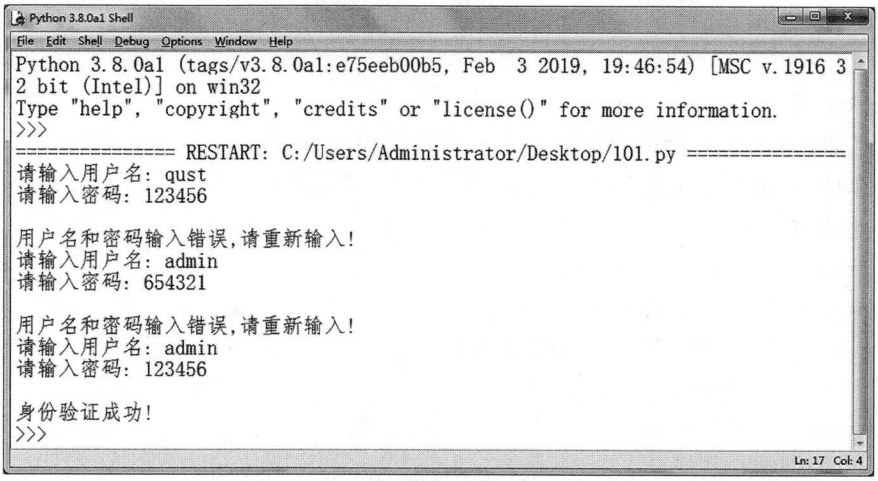

实验图4-5　运行结果

【参考代码】

```
a=float(input("输入边长1:"))
b=float(input("输入边长2:"))
c=float(input("输入边长3:"))
while not(a+b>c and b+c>a and c+a>b):
    print("输入的三个值不能构成三角形,请重新输入！")
    a=float(input("输入边长1:"))
    b=float(input("输入边长2:"))
    c=float(input("输入边长3:"))
s=(a+b+c)/2
area=(s*(s-a)*(s-b)*(s-c))**0.5
print("三角形的面积=%.2f"%area)
```

【运行结果】

运行结果如实验图4-6所示。

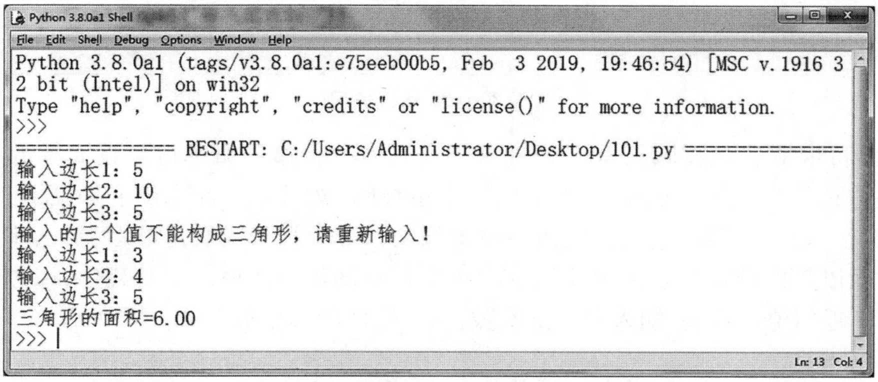

实验图4-6　运行结果

(7) 输入学生成绩,判定其成绩等级。(要求:保证输入正确成绩0～100分后判定并输出结果。)

【题目分析】

相较之前的实验,此次实验我们加入了输入成绩的有效性判断,若用户输入的成绩不是有效成绩,则提示用户重新输入,直至用户输入有效成绩为止。

【参考代码】

```
score＝int(input("input scroe＝"))
while score＞100 or score＜0:
    print("输入成绩有误,请重新输入！")
    score＝int(input("input scroe＝"))
if score＞＝90:
    print("成绩优秀＝A")
elif score＞＝80:
    print("成绩良好＝B")
elif score＞＝70:
    print("成绩中等＝C")
elif score＞＝60:
    print("成绩及格＝D")
else:
    print("成绩不及格＝E")
```

【运行结果】

运行结果如实验图4-7所示。

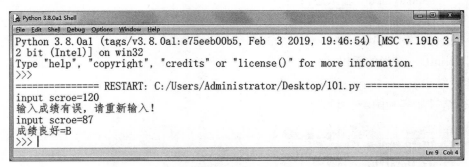

实验图4-7　运行结果

(8) 蒙特卡罗法计算圆周率。蒙特卡罗方法是一种通过概率得到近似解的方法。假设有一块边长为2的正方形木板,上面画一个单位圆,然后随意往木板上扔飞镖,落点坐标(x,y)必然在木板上(更多的时候是落在单位圆内),如果扔的次数足够多,那么落在单位圆内的次数除以总次数再乘以4,这个数字会无限逼近圆周率的值。编写程序,模拟蒙特卡罗计算圆周率近似值的方法,输入掷飞镖次数,然后输出圆周率近似值。

【题目分析】

蒙特卡罗法是一种使用随机数来解决计算问题的方法。与之对应的是确定性算法。蒙特卡罗法在金融工程学、宏观经济学、计算物理学等领域应用广泛。这种方法主要是通过落点的坐标与原点的距离来确定飞镖是否在单位圆内,当运行的次数足够大时,也就会越来越逼近圆周率。

【参考代码】

```python
import random
num＝int(input("请输入掷飞镖次数: "))
PI＝0
for i in range(1,num＋1):
    x＝random.uniform(-1,1)
    y＝random.uniform(-1,1)
    if(x*x＋y*y<＝1):
        PI＋＝1
print("圆周率的值:{}".format(PI/num*4))
```

【运行结果】

运行结果如实验图4-8所示。

实验图4-8 运行结果

(9) 求 $s=1^3+2^3+3^3+\cdots+100^3$ 的值。分别用 for 循环和 while 循环结构实现。【思政】

【题目分析】

我国的宋元两朝(960～1368年)四百多年的历史是我国古代数学的黄金时代,涌现出四位大数学家,人称"宋元四大家",他们是南宋的李冶、秦九韶、杨辉和元代的朱世杰。四人皆有著作,成就了中国古代数学的最高峰,朱世杰更有"中世纪世界最伟大的数学家"之誉。朱世杰(1249～1314年)在《算术启蒙》一书中,提到了堆垛问题:$1^3+2^3+3^3+\cdots+100^3=?$,朱世杰给出了答案:

$$1^3+2^3+3^3+\cdots+n^3=\left[\frac{n(n+1)}{2}\right]^2$$

这比欧洲最早得到这个公式的德国数学家莱布尼茨早了300多年。

1303年,朱世杰在"天元术"的基础上又进行了改进与完善,成功建立了四元高次方程组的求解算法。并且还完善了内插公式,创建了一般的插值公式。这一发现与牛顿后来提出的插值公式在形式和实质上都是完全一致的。

【参考代码】

方法1：用for循环结构。

```
s=0
for i in range(1,101):
    s=s+i**3
print("结果为",s)
```

方法2：用while循环结构。

```
s=i=0
while i<=100:
    s=s+i**3
i+=1
print("结果为",s)
```

【运行结果】

运行结果如实验图4-9所示。

实验图4-9　运行结果

实验5 Python列表对象操作练习

1. 实验性质

验证型实验★,设计型实验★★★★。

2. 实验学时

2学时。

3. 实验目的

序号	实验目的	星级
1	理解列表的概念	★
2	掌握Python中列表对象的常用方法	★★★
3	熟练掌握列表元素的访问、增加、修改和删除	★★★★
4	练习列表的遍历	★★
5	练习列表的排序	★★

4. 预备知识

❖ Python的序列对象包括列表、元组、字典、集合以及字符串等。序列对象按照可变性可分为可变序列和不可变序列;按照顺序性可分为有序序列和无序序列。

❖ 列表(List)是Python中重要的数据结构,列表形式上用一对中括号[ ]来界定,元素放在界定符[ ]中,元素之间用半角逗号“,”来分隔,Python中列表元素的类型可以各不相同。

❖ 列表的存储空间是有序连续的,因此在增加和删除元素时,列表对象自动进行内存管理(扩展和收缩),确保相邻元素之间没有缝隙,为了减少列表运算的复杂性,尽量从列表的尾部进行元素的删除或追加操作。

❖ 访问列表元素时,通过<列表名>[下标]的形式,下标默认是从0开始的,即0是第一个元素的下标(索引号)。也可以采用倒序访问,此时列表的下标是从−1开始类推的。

❖ 列表常用的方法有:append( )、extend( )、insert( )、clear( )、remove( )、pop( )、index( )、count( )、reverse( )、copy( )、sort( ),其中append( )、extend( )、insert( )等方法都可以实现列表元素的添加,但要注意它们之间的区别;pop( )、remove( )、clear( )等方法都可以实现列表元素的删除,但要注意它们之间的区别。

❖ 切片操作就是从某个对象中抽取部分值的操作。可以截取列表中符合条件的部分,并将截取部分作为一个新的列表;可以通过切片操作为列表对象添加元素;也可以通过切片操作修改或删除列表中部分元素。切片操作不会因为下标越界而抛出异常。

  ❖ Python中并没有二维数组的概念,但我们可以通过列表嵌套达到同样目的。

  ❖ 列表List可以作为一个栈(stack)使用。栈是一种数据结构,栈的特点是只能在一端进行插入和删除操作,最后进入的元素最先出来(即后入先出),可以使用列表的append()方法进行压栈,用不指定索引的pop()方法进行出栈。下面是一个简单的栈的示例。代码如下:

```
s=[ ]
for x in range(1,6):
s.append(x)      #进栈
print("push",x," ")
   print(s)
print("进展结果为",s)
while len(s)>0:
   print("pop",s.pop()," ")        #出栈
   print(s)
```

5. 实验内容

(1) 找出100以内的所有质数,并存放到列表中。

(2) 编写程序,利用冒泡排序(Bubble Sort)算法实现列表的排序功能,即列表的sort()方法。

(3) 计算出Fibonacci数列的前20项的值,并将数列中的所有偶数和奇数分别放在两个新列表中。

(4) 输入一个大于1的正整数,输出该数的质因子列表。

(5) 一只狐狸和一只兔子住在山上的洞中,山上共有10个洞,狐狸总是要吃兔子,兔子对狐狸说:"给山上的10个洞编号0~9,你从0号洞出发,你第一次去1号洞找,第二次隔1个洞找,第三次隔2个洞找,依此类推,若能找到我,你就可以吃掉我。"狐狸高兴的开始找了,但找了1000次洞也没找到兔子,兔子藏在几号洞中呢?

(6) 依次统计学生的三项信息:学号、姓名和成绩,列表list 1中存放三名学生的信息,列表list2存放两名学生的信息,要求进行以下操作:

① 将列表list 2中的两名学生追加到列表list 1中去。

② 在列表list 1中插入学号为"105"的学生信息。

③ 输出所有学生的姓名及成绩。

④ 计算并输出所有学生成绩的平均分。

(7) 键盘输入一个正整数n,输出杨辉三角的前n行。【思政】

6. 实验解析

(1) 找出100以内的所有质数,并存放到列表中。

【题目分析】

质数也称为素数,只能被1和该数本身整除,自然数中最小的质数是2,1既不是质数也不是合数。对于一个整数,若"if x%y==0"成立,这说明整数x不是质数,可以提前终止接下来的验证。这道题目是在对任意整数判断是否为质数的基础上增加一层循环,对2～100的所有整数依次进行验证判断即可。

【参考代码】

```
s=[ ]
total=0
for x in range(2,100):
    for y in range(2,x):
        if x%y==0:
            break
    else:
        s.append(x)
        total+=1
print(s)
print("一共有{}个".format(total))
```

【运行结果】

运行结果如实验图5-1所示。

实验图5-1　运行结果

（2）编写程序,利用冒泡排序(Bubble Sort)算法实现列表的排序功能,即列表的sort()方法。

【题目分析】

本题目不允许使用列表的sort()排序方法,指定采用冒泡排序算法实现。列表冒泡排序算法的中心思想是依次比较相邻的两个数,将小数放在前面,大数放在后面。

冒泡排序过程如下:将第一个元素和第二个元素进行比较,若为逆序则将两个元素交换,然后比较第二个元素和第三个元素,依次类推,直至第 $n-1$ 个元素和第 n 个元素进行比较为止,上述过程称为第一趟冒泡排序,其结果使最大值元素被放置在最后一个位置(第 n 个位置)。然后进行第二趟冒泡排序,对前 $n-1$ 个元素进行同样操作,其结果是使第二大元素被放置在倒数第二个位置上(第 $n-1$ 个位置)。依次类推,最终完成所有元素的排序。

【参考代码】

```
import random
a=[ ]
for x in range(10):
    b=random.randint(-100,100)
    a.append(b)
print("排序前:",a)
for x in range(len(a)-1):
    for y in range(len(a)-1-x):
        if a[y]>a[y+1]:
            a[y],a[y+1]=a[y+1],a[y]
print("排序后:",a)
```

【运行结果】

运行结果如实验图5-2所示。

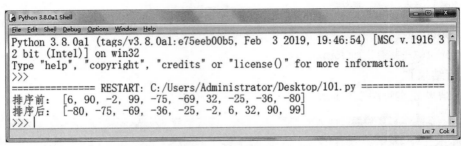

实验图5-2　运行结果

（3）计算出 Fibonacci 数列的前20项的值，并将数列中的所有偶数和奇数分别放在两个新列表中。

【题目分析】

Fibonacci 数列，也称为斐波那契数列，来源于兔子繁殖问题，其规律是：从第三项开始，每个数据项的值为其前两个数据项之和。需要使用三个列表，分别存放 Fibonacci 数列、Fibonacci 偶数数列和 Fibonacci 奇数数列。

【参考代码】

```
c=[ ]
d1=[ ]
d2=[ ]
a=1      #存放当前项
b=1      #存放当前项的下一项
for x in range(20):
    c.append(a)
    a,b=b,a+b
print("Fibonacci数列前20项为:",c)
```

```
for y in c:
    if y%2==0:
        d1.append(y)      #找到偶数就放进列表d1中
    else:
        d2.append(y)      #找到奇数就放进列表d2中
print("偶数数列:",d1)
print("奇数数列:",d2)
```

【运行结果】

运行结果如实验图5-3所示。

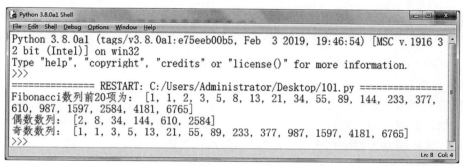

实验图5-3　运行结果

(4) 输入一个大于1的正整数,输出该数的质因子列表。

【题目分析】

计算一个整数的质因子,是从质数2开始,看看能否被整数整除。若能整除,则递归计算整除后的商的质因数,直至商与最后一个质数相等;若不能整除,再继续寻找下一个质数能否被整数整除。必须明确一点,在不考虑顺序的情况下,一个数的所有质因子是确定的。

【参考代码】

```
a=int(input("请输入一个大于1的正整数:"))
num=[ ]
i=2
while i<=a:
    if a%i==0:
        a=a/i
    num.append(i)
    i=1
    i+=1
print(num)
```

【运行结果】

运行结果如实验图5-4所示。

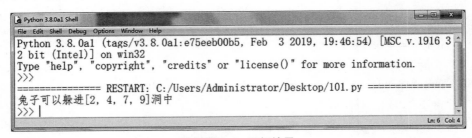

实验图5-4　运行结果

（5）一只狐狸和一只兔子住在山上的洞中，山上共有10个洞，狐狸总是要吃兔子，兔子对狐狸说：“给山上的10个洞编号0～9，你从0号洞出发，你第一次去1号洞找，第二次隔1个洞找，第三次隔2个洞找，依此类推，若能找到我，你就可以吃掉我。”狐狸高兴的开始找了，但找了1000次山洞也没找到兔子，兔子藏在几号山洞中呢？

【题目分析】

首先将所有山洞进行编号放入列表a中，只要将狐狸去过的所有山洞去掉，剩下的山洞就是安全的。依照题意，狐狸先去1号洞，再去3号洞，再去6号洞，再去0号洞，再去5号洞，依此类推。这里用到了删除列表元素的操作，即使用列表的remove()方法。

【参考代码】

```
b=0
a=[0,1,2,3,4,5,6,7,8,9]
for x in range(1000):
    b=(b+x)%10    #狐狸去过的山洞
    if b in a:
    a.remove(b)
print("兔子可以躲进"+str(a)+"洞中")
```

【运行结果】

运行结果如实验图5-5所示。

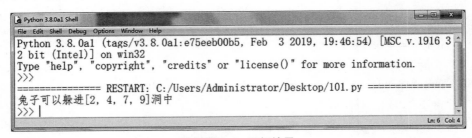

实验图5-5　运行结果

（6）依次统计学生的三项信息：学号、姓名和成绩，列表list 1中存放三名学生的信息，列表list 2存放两名学生的信息，要求进行以下操作：

① 将列表list 2中的两名学生追加到列表list 1中去。

② 在列表list 1中插入学号为“105”的学生信息。

③ 输出所有学生的姓名及成绩。

④ 计算并输出所有学生成绩的平均分。

【题目分析】

此题目需要用到整个列表的追加操作extend()方法、列表的插入操作insert()方法、列表的切片操作,是一道相对综合的题目,有实际的应用价值。列表的切片操作功能非常强大,可以截取列表中符合条件的部分,要多实践练习,慢慢理解和领会。

【参考代码】

```
list1=["101","李玉",93,"102","张坤",97.5,"103","王凯",86.5]
list2=["104","刘伟",91,"106","李超",92.5]
list1.extend(list2)
list1.insert(list1.index("106"),"105")
list1.insert(list1.index("106"),"林洁")
list1.insert(list1.index("106"),98)
print("所有学生的姓名:",list1[1::3])
print("所有学生的成绩:",list1[2::3])
s=list1[2::3]
print("所有学生的平均分:{:.1f}".format(sum(s)/len(s)))
```

【运行结果】

运行结果如实验图5-6所示。

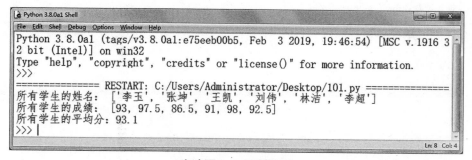

实验图5-6　运行结果

(7) 键盘输入一个正整数n,输出杨辉三角的前n行。【思政】

【题目分析】

杨辉是我国南宋末年一位杰出的数学家。在他所著的《详解九章算法》一书中,画了一张表示二项式展开后的系数构成的三角图形,称作"开方做法本源",现在简称为"杨辉三角",它把数形结合带进了计算数学,这是世界数学史上的一大重要研究成果。

在欧洲,帕斯卡在1654年发现这一规律,所以这个三角形又叫作帕斯卡三角形。但帕斯卡的发现比杨辉迟了393年。杨辉三角和赵爽弦图、割圆术一样,都是我国数学史上的伟大成就,值得我们每一个人去牢记。

杨辉三角的规律:每个数字等于上一行的左右两个数字之和。可用此性质写出整个杨辉三角。即第$n+1$行的第i个数等于第n行的第$i-1$个数和第i个数之和,这也是组合数的性质之一。

【参考代码】

```
line1=[1]
line2=[1,1]
n=input("输入行数:")
n=input(line1)
n=input(line1)
for i in range(3,n+1):
    y=[ ]
    for j in range(len(line1)-1):
        y.append(line1[j]+line2[j+1])
    line2=[1]+y+[1]
    print(line2)
```

【运行结果】

运行结果如实验图5-7所示。

实验图5-7 运行结果

实验6 Python其他序列对象操作练习

1. 实验性质

验证型实验★,设计型实验★★★★。

2. 实验学时

2学时。

3. 实验目的

序号	实验目的	星级
1	理解元组、字典、集合的概念	★
2	掌握Python中元组对象的常用方法	★★★★
3	练习Python中字典对象的常用方法	★★
4	了解Python中集合对象的常用方法	★
5	练习序列封包解包的用法	★★★

4. 预备知识

❖ 元组是一种轻量级的列表,也叫常量列表,其表现形式是用一对小括号()存放元素,元素之间用逗号","来分隔。

❖ 要注意列表和元组的联系和区别:列表是动态数组,它们不可变但可以重设长度;元组是静态数组,它们不可变,且其内部数据一旦创建,用任何方法都不可以修改其元素。由于Python内部实现对元组做了大量优化,因此访问速度更快。

❖ Python没有给元组提供append()、insert()、extend()、remove()、clear()、pop()等操作方法。也不支持del的删除元素操作,只能用del命令删除整个元组。

❖ 字典是Python中唯一内置的映射数据类型。形式上是由若干"键:值"(key:value)对组成的元素组成,因此也被称为关联数组。字典元素之间也是用逗号隔开,所有元素包含在一对大括号{}之中。

❖ Python字典中的键是查询关键字。键是唯一的,不允许重复;键可以是整数、实数、复数、字符串、元组等Python中任意不可变以及可哈希的数据,但是集合、列表、字典或其他可变类型数据不可以作为字典的键。类似于通讯录,通过姓名来查找电话、地址等信息,则姓名就是键。

❖ 集合是Python中的无序序列对象之一,定界符为一对大括号{},集合元素之间用逗号分隔,同一个集合内的每一个元素都是唯一的,元素之间不允许重复。

❖ 序列封包是把多个值赋给一个变量时,Python会自动地把多个值封装成元组;序列解包是把一个序列(列表、元组、字符串等)直接赋给多个变量,此时会把序列中的多个元素依次赋值给每个变量,但是元素的个数需要和变量个数相同。

5. 实验内容

(1) 数字转换中文大写问题(中文大写序列使用元组):键盘输入一个数字,将其转换成中文大写形式,并输出中文大写。如数字3.1415926,转换成中文大写为:叁点壹肆壹伍玖贰陆。

(2) 实验表6-1是一周的天气情况统计表,用元组存储这些数据,请问这一周空气质量为优的天数有几天? 统计并输出结果。

实验表6-1   一周天气情况统计表

	周一	周二	周三	周四	周五	周六	周日
最低温度	16 ℃	17 ℃	16 ℃	16 ℃	15 ℃	15 ℃	14 ℃
最高温度	26 ℃	27 ℃	28 ℃	25 ℃	24 ℃	25 ℃	23 ℃
天气	多云	晴	晴	阴	阴	晴	小雨
空气质量	优	优	优	良	良	优	良

(3) 模拟抽扑克牌比大小。在扑克牌的牌面中,我们约定:3最小,J为11,Q为12,K为13,2最大,A仅次于2,排除大小王,生成一副有52张牌的扑克牌。模拟洗牌(即打乱牌的次序)后,用户先自主选一张牌,电脑再随机抽取一张牌,判断大小。

(4) 根据提示输入5个国家名和对应的首都,将这些数据存储在字典中。

(5) 某学校有三位系统管理员,他们都有自己的用户名和密码。除这三位管理员之外,其他人都无权登录系统。请编程实现此功能。

(6) 我为新冠疫情防疫工作做贡献。编写程序,统计学生的出行情况,从中筛查出去过某防疫重点城市的学生名单。【思政】

(7) 去重问题:集合(set)是Python中的无序序列对象之一,定界符为一对大括号{}。集合元素之间用逗号分隔,同一个集合内的每一个元素都是唯一的,元素之间不允许重复。

以上是一段文字描述,请编写程序输出该段文字有多少不重复的字符。

6. 实验解析

(1) 数字转换中文大写问题(中文大写序列使用元组):键盘输入一个数字,将其转换成中文大写形式,并输出中文大写。如数字3.1415926,转换成中文大写为:叁点壹肆壹伍玖贰陆。

【题目分析】

元组是有序序列,可以用索引值访问元素,索引值为数值,元素为索引值对应的中文大写形式,建立起对应关系,可以方便地实现数字和中文的相互表示。

【参考代码】

```
chinese_num＝("零","壹","贰","叁","肆","伍","陆","柒","捌","玖")
number＝input("请输入一个数字:")
print("数字{}转换中文大写为:".format(number),end＝"")
for i in range(len(number)):
    if "." in number[i]:
        print("点", end＝"")
    else:
        print(chinese_num[int(number[i])],end＝"")
```

【运行结果】

运行结果如实验图6-1所示。

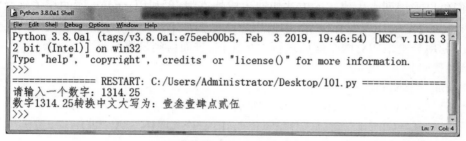

实验图6-1　运行结果

(2) 实验表6-1是一周天气情况的统计表,用元组存储这些数据,请问这一周空气质量为优的天数有几天? 统计并输出结果。

【题目分析】

建立一个元组包含7个元素,每一个元素又是包含5个元素的元组,这属于元组的嵌套使用。利用元组解析式找出所有"空气质量为优"的天数并存放在一个列表中。

【参考代码】

```
weather＝(("周一","16℃","26℃","多云","优"),
         ("周二","17℃","27℃","晴","优"),
         ("周三","16℃","28℃","晴","优"),
         ("周四","16℃","25℃","阴","良"),
         ("周五","15℃","24℃","阴","良"),
         ("周六","15℃","25℃","晴","优"),
         ("周日","14℃","23℃","小雨","良"))
total＝[x[0] for x in weather if x[4]＝＝"优"]
print("空气质量为优的天数:{}".format(len(total)))
print("它们分别是:",total)
```

【运行结果】

运行结果如实验图6-2所示。

实验图6-2　运行结果

（3）模拟抽扑克牌比大小。在扑克牌的牌面中，我们约定：3最小，J为11，Q为12，K为13，2最大，A仅次于2，排除大小王，生成一副有52张牌的扑克牌。模拟洗牌（即打乱牌的次序）后，用户先自主选一张牌，电脑再随机抽取一张牌，判断大小。

【题目分析】

我们可以采用列表生成式的方法快速生成扑克牌，再利用random库的相关函数完成模拟洗牌；因为待选的扑克牌有52张，因此用户或电脑抽中的牌可以用1～52之间的某个数字来表示。利用分支结构对两个牌面进行大小比较，进而得到最终结果。

【参考代码】

```
import random
lst_suit＝("黑桃","红桃","梅花","方块")
lst_face＝("3","4","5","6","7","8","9","10","J","Q","K","A","2")
lst＝[x＋y for x in lst_face for y in lst_suit]
random.shuffle(lst)
idx_user＝int(input("请您抽一张牌(0～51):"))
card_user＝lst[idx_user]
print("您抽到的牌是:{}".format(card_user))
idx_computer＝random.randint(0,51)
card_computer＝lst[idx_computer]
print("电脑抽到的牌是:{}".format(card_computer))
val_user＝lst_face.index(card_user[0])
val_computer＝lst_face.index(card_computer[0])
if val_user＞val_computer:
    print("恭喜,您赢了！")
elifval_user＜val_computer:
    print("很遗憾,您输了！")
else:
    print("咱们平手了！")
```

【运行结果】

运行结果如实验图6-3所示。

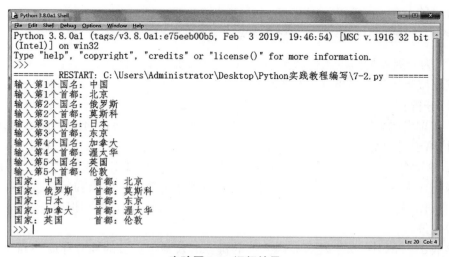

实验图6-3　运行结果

（4）根据提示输入5个国家名和对应的首都，将这些数据存储在字典中。

【题目分析】

根据提示输入国家名和首都名之后，我们可以用"国家名"作为下标，在字典对象的尾部追加字典元素，这种添加有时是无序的。

【参考代码】

```
dict1={}
for i in range(1,6):
    name=input("输入第"+str(i)+"个国名:")
    capital=input("输入第"+str(i)+"个首都:")
    dict1[name]=capital
for x,y in dict1.items():
    print("国家:{0}\t首都:{1}".format(x,y))
```

【运行结果】

运行结果如实验图6-4所示。

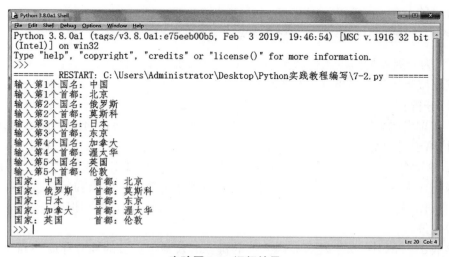

实验图6-4　运行结果

（5）某学校有三位系统管理员，他们都有自己的用户名和密码。除这三位管理员之外，其他人都无权登录系统。请编程实现此功能。

【题目分析】

用字典存放三位系统管理员的用户名和密码,建立起"用户名:密码"键值对,利用用户名与密码之间的关联关系,进行判断。只有用户名和密码都输入正确,才可以正常登录使用。

【参考代码】

```
mydict={"John":"123456","Marry":"135246","Tony":"654321"}
username=input("请输入用户名:")
if username not in mydict:
    print("不是系统管理员,无权登录!")
else:
    password=input("请输入密码:")
    if password==mydict[username]:
        print("成功登录!")
    else:
        print("密码不正确!")
```

【运行结果】

运行结果如实验图6-5所示。

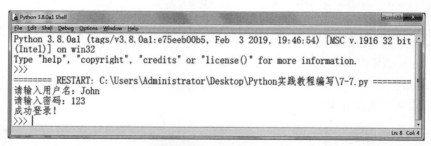

实验图6-5　运行结果

(6) 我为新冠疫情防疫工作做贡献。编写程序,统计学生的出行情况,从中筛查出去过某防疫重点城市的学生名单。【思政】

【题目分析】

2019年爆发的新冠疫情,改变了我们每个人的生活方式,从最初的惶恐不安,到现如今的坦然面对,给予我们每个人坚强支撑的是我们伟大的祖国。众志成城,生死无惧。泱泱中华,披荆斩棘,这就是中国力量,这就是中国底气! 疫情当前,更体现出了我们祖国的大国风范。

作为当代大学生,我们要做好自我防护,严格遵守防疫工作要求和部署,要视国事为己任,贡献自己力所能及的一份力量,学习科学文化知识,为国贡献做知识储备,为学校、社会防疫献言建策。

在字典dic_city中,学生姓名充当字典的键(key),学生去过的地方存放在列表中,并充当字典的值(value)。然后对字典的值进行循环处理,从中筛查出满足要求的数据。

【参考代码】

```
dic_city={ }
```

```python
for i in range(5):
    list1=[ ]
    name=input("请输入姓名:")
    answer=input("是否去过北京(Y/N):")
    if answer=='Y' or answer=='y':
        list1.append("北京")
    answer=input("是否去过上海(Y/N):")
    if answer=='Y' or answer=='y':
        list1.append("上海")
    answer=input("是否去过青岛(Y/N):")
    if answer=='Y' or answer=='y':
        list1.append("青岛")
dic_city[name]=list1
for x,y in dic_city.items():
    print("{}去过了{}个城市".format(x,len(y)))
name_list=[ ]
for k,v in dic_city.items():
    if "青岛" in v:
        name_list.append(k)
print("去过青岛的有{}人,他们是{}".format(len(name_list),"、".join(name_list)))
```

【运行结果】

运行结果如实验图6-6所示。

实验图6-6 运行结果

（7）去重问题：集合（set）是Python中的无序序列对象之一，定界符为一对大括号{}。集合元素之间用逗号分隔，同一个集合内的每一个元素都是唯一的，元素之间不允许重复。

以上是一段文字描述，请编写程序输出该段文字有多少不重复的字符。

【题目分析】

本题是统计不同字符的数量，集合是元素不能重复的序列，将该段内容以单个字符形式导入集合，将会根据集合的这一特点滤掉重复的字符。

【参考代码】

```
word＝list("集合(set)是Python中的无序序列对象之一,定界符为一对大括号{}。集合
元素之间用逗号分隔,同一个集合内的每一个元素都是唯一的,元素之间不允许重复。")
    num＝set()
    for i in range(0,len(word)):
        num.add(word[i])
        print(word[i],end="")
    print()
    print()
    print("这段文字共有{}个不重复的字符。".format(len(num)))
```

【运行结果】

运行结果如实验图6-7所示。

实验图6-7　运行结果

实验7 Python字符串操作练习

1. 实验性质

验证型实验★,设计型实验★★★★。

2. 实验学时

2学时。

3. 实验目的

序号	实验目的	星级
1	了解字符串的编程特点	★
2	掌握字符串的连接和访问	★★★
3	练习字符串的存储方式和切片原理	★★
4	掌握字符串常用内置函数的使用	★★★
5	熟练掌握字符串的格式化输出	★★★★

4. 预备知识

❖ Python字符串类型的关键词是str,字符串属于不可变有序序列,有四种字符串界定符可以使用,它们分别是单引号、双引号、三单引号或者三双引号,习惯上多使用单引号或者双引号界定符,另外不同的界定符之间可以相互嵌套。

❖ Python中字符串的操作非常丰富,主要操作有:字符串大小比较、求字符串长度、字符串双向索引、访问字符串元素、成员测试、字符串切片等。读者需要对这些操作进行熟练掌握。

❖ 格式化字符串:在Python中我们可以通过%的形式来进行字符串的格式化,这种方式具有浓浓的C语言风味,将指定的字符串转换为想要的格式。用%s来代替字符串,%d代替整型,%f代替实型,在填入参数时要一一对应,最终的表达式可能较为复杂和冗长。

❖ 使用format()方法格式化字符串:为了能更直观、便捷地格式化字符串,Python为字符串提供了一个格式化方法format()。通过{}代替%,而且参数数量没有限制。format()相比于%的方式要强大许多,不需要考虑数据类型,而且参数的顺序也可以不同。

❖ 使用f-string格式化字符串常量:f-string是Python 3.6之后版本添加的,它提供了一种更为简洁易读的格式化字符串的方式,它在形式上以f或F引领字符串,在字符串中使用

"{变量名}"标明被替换的真实数据和其所在位置。不仅有助于简化十分繁琐的写法,而且具有最佳效率,非常建议使用。字符串格式化的逐步优化,不但简化了操作,而且提升了执行效率。

❖ 转义字符是一个计算机专业词汇。在Python中,转义字符\可以转义很多字符,让这些字符本来的意思发生变化。常用的转义字符有:\n表示换行,\t表示制表符,\'表示单引号,\"表示双引号,等等。

5. 实验内容

(1)输入一个字符串,然后返回一个仅仅首字母变成大写的字符串。要求:① 使用切片操作简化字符串操作;② 使用字符串格式化形式输出原字符串和现字符串。

(2)输入学生成绩,判定其成绩等级。(要求:使用字符串形式实现)

(3)编写函数,判断在Python意义上两个字符串是否等价。

(4)输入一个三位数分别输出各个位上的数码。(要求:使用字符串形式实现)

(5)编写程序输入由星号*组成的菱形图案,如实验图7-1所示。

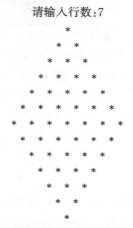

实验图7-1 运行结果

(6)数字中文大写转换数字问题:键盘输入数字中文大写形式,将其转换成数字形式,并将中文大写形式和数字形式一起输出。(要求:数字中文大写采用字符串形式,如chinese_number="零壹贰叁肆伍陆柒捌玖")

(7)信息爬取问题(根据关键词爬取相关句子):Python既支持面向过程编程,也支持面向对象编程。在"面向过程"的语言中,程序是由过程或仅仅是可重用代码的函数构建起来的。在"面向对象"的语言中,程序是由数据和功能组合而成的对象构建起来的。与其他面向对象语言(如C++和Java)相比,Python不强调概念,而注重实用。让编程者能够感受到面向对象带来的好处,这正是它能吸引众多支持者的原因之一。

请输入查询关键词在以上文字中将带有此信息的句子输出。

6. 实验解析

（1）输入一个字符串，然后返回一个仅首字母变成大写的字符串。要求：① 使用切片操作简化字符串操作；② 使用字符串格式化形式输出原字符串和现字符串。

【题目分析】

Python没有针对字符串的截取函数，是利用切片操作实现的。分析题目，利用str[0]取出首字母，利用str[1:]取出除首字母外后续的所有字符，再利用字符串的upper()和lower()方法将其转换成大写及小写形式。

【参考代码】

```
str1＝input("请输入一字符串：")
str2＝str[0].upper()＋str[1:].lower()
print("原来字符串：{}\n转换后字符串：{}".format(str1,str2)))
```

【运行结果】

运行结果如实验图7-2所示。

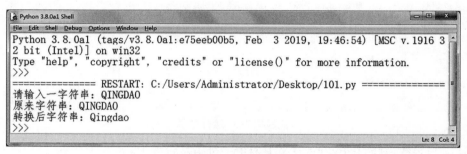

实验图7-2 运行结果

（2）输入学生成绩，判定其成绩等级。（要求：使用字符串形式实现）

【题目分析】

这道题目是将百分制转成五分制，我们在选择结构实验中曾经做过。但这道题目有多种实现方法，这里要求使用字符串。在设定degree＝"ABCDE"等级字符串后，针对不同分数，取出相对应的表示等级的元素。

【参考代码】

```
print("成绩A：优秀，B：良好，C：中等，D：及格，E：不及格")
while 99:
    degree＝"ABCDE"
    score＝eval(input("Input a scroe[输入-999退出]："))
    if score＝＝-999:
        break
    else:
        if score＞100 or score＜0:
            print("错误，分值要小于等于100，且大于0")
```

```
        else:
            index＝10-score//10
            if 0＜index＜5:
                print("成绩为：",degree[index-1])
            elif index==0:
                print("成绩为：",degree[0])
            else:
                print("成绩为：",degree[-1])
```

【运行结果】

运行结果如实验图7-3所示。

实验图7-3 运行结果

（3）编写函数，判断在Python意义上两个字符串是否等价。

【题目分析】

在Python中，判断两个字符串是否相等或一样，可以使用相等==或者is来判断；判断不一样可以使用is not。(str1 is str2)等价于(id(str1)==id(str2))，函数id()可以获得对象的内存地址，如果两个对象的内存地址是一样的，那么这两个对象肯定是一个对象，与is是等价的。

【参考代码】

```
        str1='青岛科技大学'
        str2='青岛科技 大学'
        if str1==str2:
            print("这两个字符串等价")
        elif " ".join(str1.split())==" ".join(str2.split()):
            print("这两个字符串等价")
        elif "".join(str1.split())=="".join(str2.split()):
            print("这两个字符串等价")
        else:
            print("这两个字符串不等价")
```

【运行结果】

运行结果如实验图7-4所示。

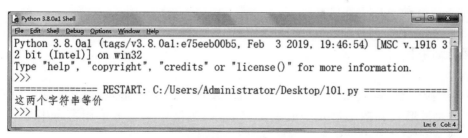

实验图7-4　运行结果

（4）输入一个三位数分别输出各个位上的数码。（要求：使用字符串形式实现）

【题目分析】

将一个整数进行拆数操作，一般利用算术运算进行拆分的方法，分别取出百位、十位和个位，这种方法在之前的解题过程中曾使用过。这道题目要求使用字符串形式，不同于之前的方法，是将整数利用str()函数转换成字符串。

【参考代码】

```
num＝int(input("请输入一个3位整数:"))
print("百位数为:{}".format(str(num)[0])
print("十位数为:{}".format(str(num)[1])
print("个位数为:{}".format(str(num)[2])
```

【运行结果】

运行结果如实验图7-5所示。

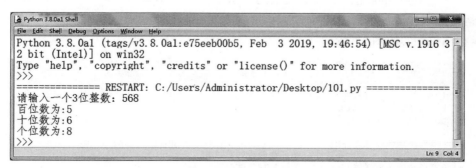

实验图7-5　运行结果

（5）编写程序输入由星号*组成的菱形图案，如实验图7-1所示。

【题目分析】

这是一道经典的图案编程题目，在很多计算机编程语言（如C语言）中是采用二重循环实现的，外循环控制行数，内循环控制列数，但在Python中，直接使用字符串的center()方法，将指定星号*个数的字符串居中显示，就可以轻松实现菱形图案的输出。

【参考代码】

```
n＝int(input("请输入行数:"))
```

```
for i in range(1,n+1):
    print(('*'*(i)).center(n*3))
for j in range(n-1,0,-1):
    print(('*'*(j)).center(n*3))
```

【运行结果】

略。

(6) 数字中文大写转换数字问题:键盘输入数字中文大写形式,将其转换成数字形式,并将中文大写形式和数字形式一起输出。(要求:数字中文大写采用字符串形式,如 chinese_number="零壹贰叁肆伍陆柒捌玖")

【题目分析】

先定义数字中文大写字符串 chinese_number="零壹贰叁肆伍陆柒捌玖",当输入中文大写后,我们发现每个中文大写汉字正好与字符串 chinese_number 的下标相同,只需要 str(number[i])即可将其转换成相应的数字。

【参考代码】

```
chinese_number="零壹贰叁肆伍陆柒捌玖"
number=input("请输入一个数字中文大写形式:")
print("[{}]转换数字为:".format(number),end="")
for i in range(len(number)):
    if "点" in number[i]:
        print(".",end="")
    else:
        print(chinese_number.index(str(number[i])),end="")
```

【运行结果】

运行结果如实验图7-6所示。

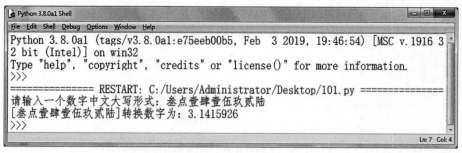

实验图7-6　运行结果

(7) 信息爬取问题(根据关键词爬取相关句子):

Python既支持面向过程编程,也支持面向对象编程。在"面向过程"的语言中,程序是由过程或仅仅是可重用代码的函数构建起来的。在"面向对象"的语言中,程序是由数据和功能组合而成的对象构建起来的。与其他面向对象语言(如C++和Java)相比,Python不强调概念,而注重实用。让编程者能够感受到面向对象带来的好处,这正是它能吸引众多支持者的原因之一。

请输入查询关键词在以上文字中将带有此信息的句子输出。

【题目分析】

在如今的大数据时代,通过网络爬虫程序来获取需要的网站上的内容信息,比如文字、视频、图片等数据,这个过程就是信息爬取。此实验只是模拟信息爬取的过程,在指定字符串中查询出带有查询关键字的句子,并将结果进行输出。

【参考代码】

```
word="""Python既支持面向过程编程,也支持面向对象编程。在"面向过程"的语言中,程序是由过程或仅仅是可重用代码的函数构建起来的。在"面向对象"的语言中,程序是由数据和功能组合而成的对象构建起来的。与其他面向对象语言(如C++和Java)相比,Python不强调概念,而注重实用。让编程者能够感受到面向对象带来的好处,这正是它能吸引众多支持者的原因之一。"""
total=0
sentences=list(word.split("。"))
print("原文如下:")
print(word)
wordselect=input("请输入查询信息:")
print("爬取的带有"{}"的句子:".format(wordselect))
for i in range(0,len(sentences)):
    if sentences[i].find(wordselect)!=-1:
        sentences[i]=sentences[i]+"。"
        total+=1
        print("第{}句是:{}".format(total,sentences[i]))
print("共有{}句。".format(total))
```

【运行结果】

运行结果如实验图 7-7 所示。

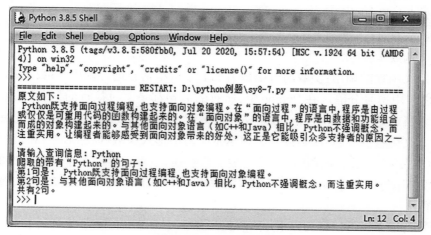

实验图 7-7　运行结果

实验 8 Python 函数设计与使用操作练习

1. 实验性质

验证型实验★,设计型实验★★★★。

2. 实验学时

2学时。

3. 实验目的

序号	实验目的	星级
1	练习函数的定义与使用方法	★★
2	掌握常用算法的函数实现	★★★★
3	掌握运用函数编写程序解决实际问题	★★★
4	练习 Python 中变量的两种作用域	★★
5	了解在调试窗口查看变量的值	★

4. 预备知识

❖ Python 函数可以分为内置函数、标准库函数、第三方提供的函数、自定义函数。其中自定义函数既提高了软件复用的效率,又提高了代码的质量。

❖ 自定义函数的定义。语法格式如下:

    def 函数名([参数列表]):
        函数体语句组

❖ 自定义函数的调用:函数通过函数名加上一组小括号进行调用,参数放在小括号内,多个参数之间用逗号分隔。在 Python 中,所有的语句都是实时执行的,不像 C/C++存在编译过程。def 也是一条可执行语句,定义一个函数,所以函数的调用必须在函数定义之后。

❖ 自定义函数的参数:函数的参数包括定义时的形式参数(简称形参)和调用时的实际参数(简称实参)。函数在调用时,形参会被实参替换,也就是存在一个参数传递的过程,将参数的值或引用传递给形参。形参只能在函数体内使用,形参是一个局部变量,而实参是一个全局变量。

❖ 函数的形参又可以分为以下4种情况:

① 位置参数,形参和实参必须保持一致。

② 默认值参数,形参和实参可以不一致,如果没有传递值,则用默认值。

③ 可变参数,需要在参数前面加上*,传入的参数个数是可变的,可以是1个、2个到任意个。

④ 关键参数,关键参数可以按照参数名传递,关键参数的形参和实参顺序可以不一致,并且不影响参数值的传递结果。

5. 实验内容

(1) 编写函数,求 $s=1!+3!+5!+7!+9!$ 的值。(要求:求阶乘部分请使用函数实现)

(2) 编写函数,键盘输入一个正整数 n,输出杨辉三角的前 n 行。(要求:杨辉三角的输出请使用函数实现)

(3) 已知三角形的三边长 a,b,c,利用海伦公式求该三角形的面积。(要求:海伦公式部分请使用函数实现)

(4) 编写函数,判断一个整数是否为质数。(要求:判断是否为质数部分请使用函数实现)

(5) 输入一个大于1的正整数,输出该数的质因子列表。(要求:质因子列表算法部分请使用函数实现)

(6) 蒙特卡罗法计算圆周率。(要求:算法部分请使用函数实现)

(7) 高数建模:设方程 $\sin x+x+1=0$,试用二分法求其在区间 $\left[-\dfrac{\pi}{2},\dfrac{\pi}{2}\right]$ 上的一个根。(要求给出二分法的程序实现的源代码)

(8) 爬楼梯问题(算法+列表):一个小朋友爬楼梯每一步只能跨1~3级,要爬一段楼梯(台阶数量需要键盘输入确定),请将第一级台阶到输入台阶数量的走法数量依次放到列表中并输出。

6. 实验解析

(1) 求 $s=1!+3!+5!+7!+9!$ 的值。(要求:求阶乘部分请使用函数实现)

【题目解析】

这道题有两种常见做法:第一种做法是多次调用函数,分别计算得到 $1!,3!,5!,7!$ 和 $9!$,最终累加起来;第二种做法是一次调用函数,直接计算得到 $1!+3!+5!+7!+9!$ 的最终结果。下面的参考代码采用的是第一种做法。

【参考代码】

```
#自定义函数jiecheng(),通过函数调用求值
def jiecheng(n):    #定义自定义函数jiecheng(),n是形式参数
    s=1
    for i in range(1,n+1):
        s=s*i
    return s
ss=0    #主程序开始
```

　　#调用自定义函数jiecheng( )

　　ss＝jiecheng(1)＋jiecheng(3)＋jiecheng(5)＋jiecheng(7)＋jiecheng(9)

　　print(ss)

【运行结果】

运行结果如实验图8-1所示。

实验图8-1　运行结果

　　(2)编写一个函数,键盘输入一个正整数n,输出杨辉三角的前n行。(要求:杨辉三角的结果输出请使用函数实现)

【题目分析】

　　在前面实验里,我们已经分析过杨辉三角的规律,此处不再赘述。此题目不同之处在于需要使用自定义函数实验杨辉三角的计算并输出,即用函数的方法进行改造。

【参考代码】

```
def yanghuisanjiao(n):        #定义自定义函数yanghuisanjiao( ),n是形式参数
    print([1])
    line1＝[1,1]
    print(line1)
    for i in range(2,n):
        y＝[]
        for j in range(0,len(line1)-1):
            y.append(line1[j]＋line1[j＋1])
        line1＝[1]＋y＋[1]
        print(line1)
while True:        #主程序开始
    n＝int(input("请输入一个正整数(0退出):"))
    if n＝＝0:
        break
    else:
        yanghuisanjiao(n)        #调用自定义函数yanghuisanjiao( )
```

【运行结果】

运行结果如实验图8-2所示。

　　(3)已知三角形的三边长a,b,c,利用海伦公式求该三角形的面积。(要求:海伦公式部分请使用函数实现)

实验图 8-2 运行结果

【题目分析】

在前面实验里，我们已经分析过海伦公式，此处不再赘述。此题目不同之处在于需要使用自定义函数实现海伦公式的计算并输出，即用函数的方法进行改造。

【参考代码】

```
def hailun(a,b,c):        #定义自定义函数hailun( ),a,b,c是形式参数
    s=(a+b+c)/2
    area=(s*(s-a)*(s-b)*(s-c))**0.5
    return area
a=float(input("输入边长1:"))        #主程序开始
b=float(input("输入边长2:"))
c=float(input("输入边长3:"))
while not(a+b>c and b+c>a and c+a>b):
    print("输入的三个值不能构成三角形,请重新输入！")
    a=float(input("输入边长1:"))
    b=float(input("输入边长2:"))
    c=float(input("输入边长3:"))
area=hailun(a,b,c)        #调用自定义函数hailun( )
print("三角形的面积=%.2f"%area)
```

【运行结果】

运行结果如实验图 8-3 所示。

（4）编写函数，判断一个整数是否为质数。（要求：判断是否为质数部分请使用函数实现）

【题目分析】

在前面实验里，我们已经分析过质数的定义和算法，此处不再赘述。此题目不同之处在于需要使用自定义函数实现是否为质数的判定，即用函数的方法进行改造。

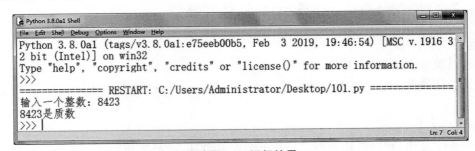

实验图8-3　运行结果

【参考代码】

```
def func(n):      #定义自定义函数func(),n是形式参数
    flag=1
    for x in range(2,n):
        if n%x==0:
            flag=0
            break
    return flag
n=int(input("输入一个整数："))      #主程序开始
result=func(n)      #调用自定义函数func()
if result==1:
    print("{}是质数".format(n))
else:
    print("{}不是质数".format(n))
```

【运行结果】

运行结果如实验图8-4所示。

实验图8-4　运行结果

(5) 输入一个大于1的正整数,输出该数的质因子列表。(要求:质因子列表算法部分请使用函数实现)

【题目分析】

在前面实验里,我们已经分析过质因子列表的求法,在此不再累述。此题目不同之处在于需要使用自定义函数实现质因子列表的计算并输出,即用函数的方法进行改造。

【参考代码】

```
def zys(n):        #定义自定义函数 zys( ),n 是形式参数
    num=[ ]
    i=2
    while i<=n:
        if n%i==0:
            n=n/i
    num.append(i)
    i=1
    i+=1
    return num
a=int(input("请输入一个大于 1 的正整数:"))        #主程序开始
num=zys(a)
print(num)
```

【运行结果】

运行结果如实验图 8-5 所示。

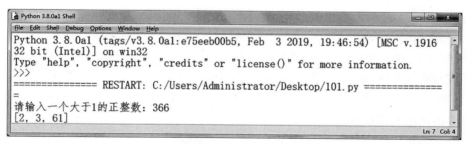

实验图 8-5 运行结果

(6) 蒙特卡罗法计算圆周率。(要求:算法部分请使用函数实现)

【题目分析】

在前面实验里,我们已经分析过蒙特卡罗法计算圆周率的算法实现,此处不再赘述。此题目不同之处在于需要使用自定义函数实现圆周率的计算并输出,即用函数的方法进行改造。

【参考代码】

```
def mspi(n):        #定义自定义函数 mspi( ),n 是形式参数
    import random
    PI=0
    for i in range(1,num+1):
        x=random.uniform(-1,1)
        y=random.uniform(-1,1)
```

```
        if(x*x+y*y<=1):
            PI+=1
    return PI
num=int(input("请输入掷飞镖次数:"))        #主程序开始
PI=mspi(num)
print("圆周率的值:{ }".format(PI/num*4))
```

【运行结果】

运行结果如实验图8-6所示。

Python 3.8.0a1 Shell

File Edit Shell Debug Options Window Help

Python 3.8.0a1 (tags/v3.8.0a1:e75eeb00b5, Feb 3 2019, 19:46:54) [MSC v.1916 3 2 bit (Intel)] on win32
Type "help", "copyright", "credits" or "license()" for more information.
>>>
================ RESTART: C:/Users/Administrator/Desktop/101.py ================
请输入掷飞镖次数:5000
圆周率的值:3.1544
>>>

Ln: 7 Col: 4

实验图8-6　运行结果

(7) 高数建模:设方程 $\sin x + x + 1 = 0$,试用二分法求其在区间 $\left[-\dfrac{\pi}{2}, \dfrac{\pi}{2}\right]$ 上的一个根。(要求给出二分法的程序实现的源代码)

【题目分析】

如果要求已知函数 $f(x)=0$ 的根,那么先要找出一个区间 $[a,b]$,使得 $f(a)$ 与 $f(b)$ 异号。根据介值定理,这个区间内一定包含着方程式的根。再求该区间的中点 $m=(a+b)/2$,并找出 $f(m)$ 的值。若 $f(m)$ 与 $f(a)$ 正负号相同,则取 $[m,b]$ 为新的区间,否则取 $[a,m]$。重复以上步骤,直至得到理想的精确度为止。

【参考代码】

```
import math
#定义自定义函数 bisection(),function,start,end 是形式参数
def bisection(function,start,end):
    if function(start)==0:
        return start
    elif function(end)==0:
        return end
    elif (function(start)*function(end)>0):
        print("couldn't find root in [{},{}]".format(start,end))
        return
    else:
        mid=start+(end-start)/2.0
        while abs(start-mid)>10**-7:
```

```
        if function(mid)==0:
            return mid
    elif function(mid)*function(start)<0:
            end=mid
        else:
            start=mid
        mid=start+(end-start)/2.0
    return mid
def f(x):        #需要求值的函数
    return math.sin(x)+x+1
a=-math.pi/2        #主程序开始
b=math.pi/2
print(bisection(f,a,b))
```

【运行结果】

运行结果如实验图8-7所示。

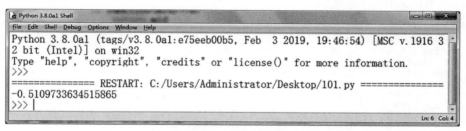

实验图8-7 运行结果

（8）爬楼梯问题（算法+列表）：一个小朋友爬楼梯每一步只能跨1~3级，要爬一段楼梯（台阶数量需要键盘输入确定），请将第一级台阶到输入台阶数量的走法数量依次放到列表中并输出。

【题目分析】

规定每一步只能跨1级或2级或3级：

从第九级爬上去直接到第十级的可能性有1种；#跨一级：1

从第八级爬上去直接到第十级的可能性有1种；#连续跨两级：2

从第七级爬上去直接到第十级的可能性有1种；#连续跨三级：3

因为小朋友每一步跨1~3级，因此第十级的走法是第七、八、九级走法的和。

递归思想：把第十级台阶替换成第九级台阶/第八级台阶/第七级台阶……

第四级台阶是第一、二、三级走法的和：第一级1种走法，第二级2种走法，第三级4种走法。

设爬 n 级台阶的走法总数为 $f(n)$，因为规定每一步只能跨一级或两级或三级，则 $f(n)=f(n-1)+f(n-2)+f(n-3)$。

【参考代码】

```
def UpSteps(num):        #定义自定义函数UpSteps( ),num是形式参数
    if num==1:
        return 1
    elif num==2:
        return 2
    elif num==3:
        return 4
    else:
        return UpSteps(num-1)+UpSteps(num-2)+UpSteps(num-3)
n=int(input('请输入台阶数量:'))        #主程序开始
result=[ ]
for i in range(1,n+1):
    result.append(UpSteps(i))
print("从1级到{}级台阶的走法数量列表为:{}".format(n,result))
```

【运行结果】

运行结果如实验图8-8所示。

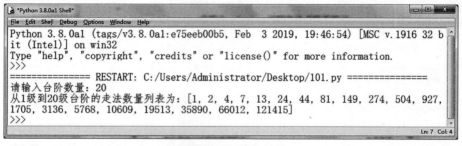

实验图8-8　运行结果

实验 9　Python 正则表达式操作练习

1. 实验性质

验证型实验★★★,设计型实验★★。

2. 实验学时

2学时

3. 实验目的

序号	实验目的	星级
1	理解 Python 正则表达式的含义	★
2	熟练掌握元字符的使用方法	★★★
3	掌握正则表达式的语法	★★★
4	练习正则表达式的 re 模块	★★
5	了解正则表达式的应用	★

4. 预备知识

❖　正则表达式是一个很强大的字符串处理工具,通常用来检索、替换那些符合某个模式(规则)的文本的内容,基本上关于字符串的操作都可以使用正则表达式来完成。

❖　正则表达式是对字符串操作的一种逻辑公式,就是用事先定义好的一些特定字符及组合,组成一个"规则字符串",这个规则字符串用来表达对字符串的一种过滤逻辑。

❖　正则表达式的元字符较多,理解和应用它都有一定的难度,读者一定要从最简单的内容开始学习,逐步领会,并应用于字符串的操作处理中。

❖　正则表达式的大致匹配过程是:

① 依次拿出表达式和文本中的字符比较。

② 如果每一个字符都能匹配,则匹配成功;一旦有匹配不成功的字符,则匹配失败。

③ 如果表达式中有量词或边界,这个过程会稍微有一些不同。

❖　贪婪模式和非贪婪模式是字符串匹配的两种形式,Python默认为贪婪模式。贪婪模式就是在匹配字符串时总是尝试匹配尽可能多的字符;与贪婪模式相反,非贪婪模式在匹配字符串时总是尝试匹配尽可能少的字符。在"+""?""*""{m,n}"后面加上"?",可以将贪婪模式变成非贪婪模式。

❖ Python标准库re提供了正则表达式操作所需要的功能,该模块提供了大量的方法用于字符串操作。正则表达式对象的match()方法和search()方法匹配成功后返回match对象,match对象内容丰富,其主要方法有6个:group()方法、groups()方法、groupdict()方法、start()方法、end()方法、span()方法。

5. 实验内容

(1) 非编译与编译正则表达式的使用,编写函数分别使用非编译和编译正则表达式在字符串中匹配查找并输出。

(2)"匹配"类函数的使用(findall、match、search):① match()、findall();② serach();③ finditer()。

(3) 贪婪匹配:总是匹配最长的那个字符串(默认);非贪婪匹配:总是匹配最短的那个字符串(在匹配字符串时加上"?"来实现)

(4) 编写程序,键盘输入两个字符串 str1(子串),str2(主串),使用 re.compile()对象操作:① 输出匹配结果;② 使用寻找(查询模式)输出查询结果。

(5) 提取文本中的身份证号码。我国的身份证号码有18位的还有15位的,目前主要是18位的,下面以18位身份证号码为例,编写函数抽取一段文本中的身份证号码。说明:

         xxxxxxxyyyy MM dd 375 0 十八位

         xxxxxxxyy MM dd 75 0 十五位

         地区:[1-9]\d{5}

         年的前两位:(18|19|([23]\d)) 1800-2399

         年的后两位:\d{2}

         月份:((0[1-9])|(10|11|12))

         天数:(([0-2][1-9])|10|20|30|31) 闰年不能禁止 29+

         三位顺序码:\d{3}

         两位顺序码:\d{2}

         校验码:[0-9Xx]

匹配身份证号的正则表达式:

① 十八位:([1-9]\d{5}(18|19|([23]\d))\d{2}((0[1-9])|(10|11|12))(([0-2][1-9])|10|20|30|31)\d{3}[0-9Xx])。

② 十五位:([1-9]\d{5}\d{2}((0[1-9])|(10|11|12))(([0-2][1-9])|10|20|30|31)\d{2})。

6. 实验解析

(1) 非编译与编译正则表达式的使用,编写函数分别使用非编译和编译正则表达式在字符串中匹配查找并输出。

【参考代码】

```
import re
data='''09:30:04,102 D:/accountReport;12:30:04,103 D:/PythonProject/accountReport}
'''
```

```
#非编译正则表达式的使用
def re_nocompile():
    pattern1="report"
    r=re.findall(pattern1,data,flags=re.IGNORECASE)
    print(r)
re_nocompile()
#编译的正则表达式的使用(效率高)
def re_compile():
    pattern="[0-9]{1,2}\:[0-9]{1,2}\:[0-9]{1,2}"        #匹配时间格式
    re_obj=re.compile(pattern)      #创建一个对象
    r=re_obj.findall(data)        #findall方法返回字符串
    print(r)
re_compile()
```

【运行结果】

['Report','Report']

['09:30:04','12:30:04']

(2) "匹配"类函数的使用(findall()、match()、search())。

① match()、findall()。

【参考代码】

```
import re
data="""09:30:04,102 D:/accountReport;12:30:04,103 D:/PythonProject/accountReport}
"""
def re_match():
    pattern="\d+"    #匹配数字
    r=re.match(pattern,data)     #match函数是匹配字符串的开头,类似startwith
    if r:    #使用match匹配成功后,返回SRE_MATCH类型的对象,该对象包含了相关
模式和原始字符串,包括起始位置和结束位置
        print(r)
        print(r.start())
        print(r.end())
        print(r.string)
        print(r.group())     #group()用来提出分组截获的字符串。group()同group(0)就
是匹配正则表达式整体结果。
#group(1)列出第一个括号匹配部分,group(2)列出第二个括号匹配部分,group(3)列
出第三个括号匹配部分。
#当然正则表达式中没有括号,group(1)肯定不对了。
        print(r.re)
    else:    #match如果匹配不到,返回None
        print("False")
```

```
re_match()    #调用函数
```

【运行结果】

```
<_sre.SRE_Matchobject;span=(0,2),match='09'>
0
2
09:30:04,102 D:/accountReport;12:30:04,103 D:/PythonProject/accountReport}
09
re.compile('\\d+')
```

② serach()。

【参考代码】

```
def re_search():
    pattern2="[0-9]{1,2}\:[0-9]{1,2}\:[0-9]{1,2}"    #匹配时间格式
    r=re.search(pattern2,data)    #search方法全部位置的匹配,返回SRE_MATCH
                                    对象

    print(r)
    print(r.start())    #起始位置
    print(r.end())      #结束位置
re_search()
```

【运行结果】

```
<_sre.SRE_Matchobject;span=(0,8),match='09:30:04'>
0
8
```

③ finditer()。

【参考代码】

```
#finditer返回一个迭代器
def re_finditer():
    pattern="\d+"    #匹配数字
    r=re.finditer(pattern,data)
    for i in r:
        print(i.group())
re_finditer()    #调用函数
```

【运行结果】

```
09
30
04
102
12
30
04
```

103

（3）贪婪匹配：总是匹配最长的那个字符串（默认）；非贪婪匹配：总是匹配最短的那个字符串（在匹配字符串时加上"?"来实现）。

【参考代码】

```
import re
data= '''D:/PythonProject/accountReport-20190520/createReport_20210520. py（164）:
[INFO]start
=24h-ago&m=sum: zscore. keys{compared=week, redis=6380, endpoint=
192.168.8.11_Redis-b}
2021-05-20 13: 30: 04, 133 E:/PythonProject/accountReport-20210520/createReport_
20210520.py
（164）:[INFO]start=24h-ago&m=sum:keys{redis=6380,endpoint=192.168.8.120_Re-
dis-sac-a}'''
def re_find01():
    r1=re.findall("Python.*\.",data)     #贪婪匹配
    print("r1=",r1)
    r2=re.findall("Python.*?\.",data)      #非贪婪匹配
    print("r2=",r2)
re_find01()
```

【运行结果】

r1=['PythonProject/accountReport-20190520/createReport_20210520. py（164）:[INFO]
start=24h-ago&m=sum: zscore. keys{compared=week, redis=6380, endpoint=
192.168.8.', 'PythonProject/accountReport-20210520/createReport_20210520. py（164）:
[INFO]start=24h-ago&m=sum:keys{redis=6380,endpoint=192.168.8.']
r2=['PythonProject/accountReport-20190520/createReport_20210520.', 'PythonProject/
accountReport-20210520/createReport_20210520.']

（4）编写程序,键盘输入两个字符串 str1（子串）, str2（主串）,使用 re.compile()对象操作：① 输出匹配结果；② 使用寻找（查询模式）输出查询结果。

【参考代码】

```
import re
str1=input("str1=")
str2=input("str2=")
r1=re.compile(str1)
if r1.match(str2):
    print("匹配成功! ")
else:
    print("匹配不成功! ")
if r1.search('HelloQust'):
    print("查找成功! ")
```

```
else:
    print("查找不成功！")
```

【运行结果】

```
str1＝Qust
str2＝HelloQust
匹配不成功！
查找成功！
>>>
str1＝HelloQust
str2＝HelloQust
匹配成功！
查找成功！
```

（5）提取文本中的身份证号码。我国的身份证号码有18位的还有15位的,目前主要是18位的,下面以18位身份证号码为例,编写函数抽取一段文本中的身份证号码。

【参考代码】

```
import re
import numpy
#定义函数
def getperson_id(text):
    person_id＝re.findall(r"([1-9]\d{5}(18|19|([23]\d))\d{2}((0[1-9])|(10|11|12))(([0-2]
    [1-9])|10|20|30|31)\d{3}[0-9Xx])",text)
    per_id＝""
      if person_id:
          matrix＝numpy.array(person_id)
          for i in matrix[:,0]:
    per_id＝per_id+' '+"".join(tuple(i))
      return per_id
#调用函数
str＝input("请输入一段包含身份证号码的文本:")
str1＝getperson_id(str)
print(str1)
```

【运行结果】

```
请输入一段包含身份证号码的文本:青岛科技大学学生王某,身份证号码
370206200309081537性别女
 370206200309081537
```

实验 10　Python面向对象程序设计操作练习

1. 实验性质

验证型实验★★★,设计型实验★★。

2. 实验学时

2学时。

3. 实验目的

序号	实验目的	星级
1	了解面向对象的程序设计思想	★
2	练习对象、类、继承、封装、方法、构造函数和析构函数等基本概念	★★
3	掌握定义类、成员变量、成员函数、静态变量和静态方法	★★★
4	练习通过类定义实现继承和多态的方法	★★
5	练习对象的创建和使用	★★

4. 预备知识

❖　面向对象程序设计方法以对象Object为核心,该方法认为程序由一系列对象组成。面向对象程序设计的一条基本原则就是计算机程序由单个能够起到子程序作用的单元或对象组合而成。在面向对象程序设计中,对象是组成程序的基本模块。

❖　在面向对象程序设计中,把数据以及对数据的操作封装在一起,组成一个整体,这个整体就是对象,不同对象之间通过消息机制来通信或者同步。对于相同类型的对象进行分类、抽象后,得出共同的特征而形成了一个类。

❖　具有相同或相似性质的对象的抽象就是类。因此,对象的抽象是类,类的具体化就是对象。类是实现代码复用和软件程序设计复用的一个重要方法,面向对象程序设计技术的三大要素为继承、封装和多态。

❖　封装是面向对象编程的核心思想,将对象的属性和行为封装起来,而将对象的属性和行为封装起来的载体就是类,类通常对客户隐藏其实现细节,这就是封装思想。

❖　在Python中,继承是实现重复利用的重要手段,子类通过继承复用了父类的属性和行为的同时,又添加子类特有的属性和行为。继承具有以下特点:子类具有父类的方法和属性;子类不能继承父类的私有方法或属性;子类可以添加新的方法;子类可以修改父类的方法。

单继承的语法格式：

　　class(父类名)

多继承的语法格式：

　　class(父类1,父类2,父类3,……)

❖ 多态是指基类的同一个方法在不同派生类对象中具有不同的表现和行为。派生类继承了基类行为和属性之后,还会增加某些特定的行为和属性,同时可能会对继承来的某些行为进行一定的改变,这都是多态的表现形式。

❖ 在面向对象程序设计中,函数和方法是两个有本质区别的概念。普通函数必须指定要操作的对象,而对象的方法则不需要指定操作对象,默认的就是对当前对象进行操作。

5. 实验内容

(1) 猜数字游戏：一个类 A 有一个成员变量 v,有一个初值100。定义一个类,对 A 类的成员变量 v 进行猜测。如果大了则提示"大了",小了则提示"小了",等于则提示"猜测成功！"。

(2) 将你自己的信息封装成一个类Student,包括学号、班级、姓名、性别、年龄、家庭地址,并在display()方法中显示这些信息。

(3) 编写程序,模拟烤肉,要求：

① 被烤的时间和对应肉的状态：0~3分钟：生的；3~5分钟：半生不熟；5~8分钟：熟的；超过8分钟：烤糊了。

② 用户可以按自己的意愿添加调料。

(4) 学员管理系统,要求：

① 学员属性：姓名、性别、手机号,通过__str__()返回学员信息。

② 数据存储方式：列表存储对象,存储数据为文件student.data。

③ 系统功能：增加学员、删除学员、修改学员、显示所有学员信息、查询学员、保存学员、退出系统。

6. 实验解析

(1) 猜数字游戏：一个类 A 有一个成员变量 v,有一个初值100。定义一个类,对 A 类的成员变量 v 进行猜测。如果大了则提示"大了",小了则提示"小了",等于则提示"猜测成功！"。

【参考代码】

```python
import random
class A:
    v=100
    def guess(self):
        while True:
mun=int(input("请输入一个数:"))
```

```
        if mun>self.v:
            print("大了")
        elif mun<self.v:
            print("小了")
        else:
            print("猜测成功！")
            break
    a=A()
    a.guess()
```

【运行结果】

略。

（2）将你自己的信息封装成一个类 Student，包括学号、班级、姓名、性别、年龄、家庭地址，并在 display() 方法中显示这些信息。

【参考代码】

```
    class Student():      #封装 Student 类
    sno=""        #学号
    sclass=""      #班级
    sname=""       #姓名
    ssex=0        #性别
    sage=0        #年龄
    saddress=""       #家庭地址
      def display(self):
        print("学号  :",self.sno)
        print("班级  :",self.sclass)
        print("姓名  :",self.sname)
        if self.ssex==1:
          print("性别  :男")
        else:
          print("性别  :女")
        print("年龄  :",self.sage)
        print("地址  :",self.saddress)
    stu=Student()     #创建对象
    stu.sno="11111111"
    stu.sclass="一班"
    stu.sname="张三"
    stu.ssex=1
    stu.sage=21
    stu.saddress="中国"
    stu.display()     #调用自定义函数 Student()
```

【运行结果】

运行结果如实验图10-1所示。

实验图10-1　运行结果

(3) 编写程序,模拟烤肉,要求:

① 被烤的时间和对应肉的状态:0～3分钟:生的 3～5分钟:半生不熟;5～8分钟:熟的;超过8分钟:烤糊了。

② 用户可以按自己的意愿添加调料。

【参考代码】

```python
class Meat():      #封装 Meat 类
    def __init__(self):
    self.cook_time=0
    self.cook_static='生的'
    self.condiments=[ ]
    def cook(self,time):
    self.cook_time+=time
        if 0<=self.cook_time<3:
        self.cook_static='生的'
    elif 3<=self.cook_time<5:
        self.cook_static='半生不熟'
    elif 5<=self.cook_time<8:
        self.cook_static='熟了'
    elifself.cook_time>=8:
        self.cook_static='烤糊了'
    def add_condiments(self,condiment):
        self.condiments.append(condiment)
    def __str__(self):
        return f'烤了{self.cook_time}分钟,状态是{self.cook_static},添加的调料有{self.condiments}'
m=Meat()
print(m)
m.cook(2)
```

```
        m.add_condiments('孜然')
        print(m)
        m.cook(2)
        m.add_condiments('辣椒面')
        print(m)
        m.cook(2)
        print(m)
        m.cook(2)
        print(m)
```

【运行结果】

运行结果如实验图10-2所示。

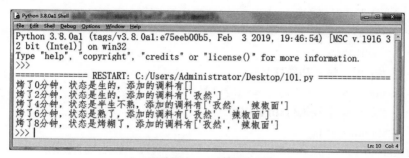

实验图10-2　运行结果

(4) 学员管理系统,要求:

① 学员属性:姓名、性别、手机号,通过__str__()返回学员信息。

② 数据存储方式:列表存储对象,存储数据为文件 student.data。

③ 系统功能:增加学员、删除学员、修改学员、显示所有学员信息、查询学员、保存学员、退出系统。

【参考代码】

```
        ————————入口:main.py————————
        #导入 managerSystem 模块
        from managerSystem import *
        #保证只有直接通过 main 模块进入函数才能生效
        if __name__=='__main__':
            stu_manager=StudentManager()
            stu_manager.run()
        ————————学员:student.py————————
class Student(object):
    def __init__(self, name, gender, tel):
        self.name=name
        self.gender=gender
        self.tel=tel
```

```python
    def __str__(self):
        return f'{self.name},{self.gender},{self.tel}'
```

————————管理系统：managerSystem.py————————

```python
from student import *
class StudentManager(object):
    def __init__(self):
    self.student_list=[ ]
#一：定义函数入口，启动系统时自动调用
    def run(self):
        #1.加载学员信息
        self.load_stu()
        while True:
            #2.显示菜单
            self.show_menu()
            #3.用户输入功能序号
            num=int(input('请输入功能序号：'))
            #4.根据序号执行相应功能
            if num==1:
self.add_stu()
elif num==2:
self.del_stu()
elif num==3:
self.update_stu()
elif num==4:
self.ser_stu()
elif num==5:
self.show_stu()
elif num==6:
self.save_stu()
elif num==7:
        break
#二：系统功能函数
    #显示菜单
    @staticmethod
    def show_menu():
        print('欢迎登录学员管理系统!!! ')
        print('1.增加学员')
        print('2.删除学员')
        print('3.修改学员')
```

```python
        print('4. 查询学员')
        print('5. 显示所有学员')
        print('6. 存储学员')
        print('7. 退出系统')
    #1. 增加学员
    def add_stu(self):
        name=input('输入姓名:')
        gender=input('输入性别:')
tel=input('输入手机号:')
stu=Student(name, gender, tel)
self.student_list.append(stu)
    #2. 删除学员
    def del_stu(self):
        self.name=input('请输入姓名:')
        for i in self.student_list:
            if i.name==self.name:
                self.student_list.remove(i)
                print('删除成功!')
                break
        else:
                print('不存在%s'%self.name)
    #3. 修改学员
    def update_stu(self):
        self.name=input('请输入姓名:')
        for i in self.student_list:
            if i.name==self.name:
                self.gender=input('请输入需要修改性别:')
                self.tel=input('请输入电话号码;')
                print(f'姓名:{i.name},性别:{i.gender},电话号码为:{i.tel}已修改为:')
                i.gender=self.gender
                i.tel=self.tel
                print(f'姓名:{i.name},性别:{i.gender},电话号码为:{i.tel}')
                break
        else:
                print('不存在%s'%self.name)
    #4. 查询学员
    def ser_stu(self):
        self.name=input('请输入姓名:')
        for i in self.student_list:
```

```
            if i.name==self.name:
                print(f'姓名:{i.name},性别:{i.gender},电话号码为:{i.tel}')
                break
        else:
            print('不存在学员%s'%self.name)
    #5.显示所有学员
    def show_stu(self):
        if len(self.student_list)==0:
            print('暂无学员信息')
        else:
            print('姓名\t性别\t电话号')
            for i in self.student_list:
                print(f'{i.name}\t{i.gender}\t{i.tel}')
    #6.存储学员
    def save_stu(self):
        #打开文件
        f=open('student.data','w')
        #生成列表并存入
        stu_list=[i.__dict__ for i in self.student_list]    # i.__dict__对象转化为字典,不能
直接存入对象i
        f.write(str(stu_list))      #注意需要转化为str型
            #关闭文件
        f.close()
    #7.加载学员信息
    def load_stu(self):
        #打开文件:如果存在则r,否则不存在则w
        try:
            f=open('student.data','r')
        except:
            f=open('student.data','w')
        #如果文件存在则读取文件:字符串转化为列表,列表再转化为对象,添加到对象列表
        else:
            stu=eval(f.read())
            self.student_list=[Student(i['name'], i['gender'], i['tel']) for i in stu]
        #关闭文件
        finally:
    f.close()
```

【运行结果】
略。

实验 11 Python 文件内容操作练习

1. 实验性质

验证型实验★★,设计型实验★★★。

2. 实验学时

2学时。

3. 实验目的

序号	实验目的	星级
1	理解 Python 中文件的概念	★
2	熟悉文件操作流程	★
3	熟练掌握文件的读写方法、打开和关闭等基本操作	★★★
4	练习使用文件函数和方法解决应用问题	★★
5	了解 Python 中数据组织的维度以及 CSV 格式文件	★

4. 预备知识

❖ 在操作系统中,文件是最基本的存储单位与信息载体。文件的类型很多,按照数据的组织形式,在 Python 中通常把文件划分为两大类:二进制文件和文本文件。常见的二进制文件有图形图像文件、音视频文件、可执行文件、资源文件、各种数据库文件、各类 Office 文档等;文本文件的默认扩展名为 .txt,此外计算机高级语言的源程序,例如 Python 的源程序(.py 文件)等也是文本文件。

❖ 文件操作主要包括创建文件、打开文件、读取文件内容、插入或删除文件内容、保存文件以及关闭文件等。

❖ 使用 Python 内置函数 open( )可以用指定模式打开文件并且创建该文件对象,使用这个文件对象能够完成各项文件操作。open( )函数的语法格式为:open(file,mode),其中参数 mode 用来设置打开文件的模式:

① w 模式:以只写方式打开文件,文件指针会放在文件开头,文件不存在会自动创建一个新文件。

② r 模式:以只读方式打开文件,文件指针会放在文件开头,文件不存在会报错。

③ a 模式:已追加(只写)打开文件,文件指针将放在文件结尾,文件不存在将自动创建

一个新文件。

④ rb,wb,ab 模式：以二进制格式进行操作文件读写,如果文件是二进制文件,则选择此项。

⑤ r＋,w＋,a＋,rb＋,rw＋,ra＋ 模式：增加＋之后,代表以读写方式打开。

❖ 为了确保每一次文件操作之后,都能正常关闭文件,使用上下文管理关键词with语句就能够满足文件操作的安全性的要求。with语句可以自动管理与文件有关的系统资源,不管什么原因造成程序跳出with语句块,均能够确保文件正常关闭。

❖ Python中的标准库提供了 os 模块、os.path 模块和shutil模块实现文件和文件夹的有关操作。

5. 实验内容

（1）遍历文本文件中的所有内容,并且输出到屏幕。test1.txt文本文件的内容如下：

中国

山东省

青岛市

崂山区松岭路99号

青岛科技大学欢迎您!

信息科学技术学院欢迎您!

（2）Python根据关键词提取文本文件test2.txt中的手机号码。test2.txt文本文件的内容如下：

我在青岛科技大学信息科学技术学院

手机号码：13963987632

我的地址：青岛市崂山区

（3）建立九九乘法表的文本文件,即将九九乘法表存放在D盘根目录下的一个文本文件中,该文件命名为result.txt。

（4）建立CSV(Comma Separated Values)格式文件,用以存放学生的考试成绩,每个学生存放5项信息：学号、姓名、语文成绩、数学成绩和英语成绩。

（5）在下段文字中请输入查询关键词爬取带有此信息的句子,输出后再导出到文件test5.txt中。

Python既支持面向过程编程,也支持面向对象编程。在"面向过程"的语言中,程序是由过程或仅仅是可重用代码的函数构建起来的。在"面向对象"的语言中,程序是由数据和功能组合而成的对象构建起来的。与其他面向对象语言(如C＋＋和Java)相比,Python不强调概念,而注重实用。让编程者能够感受到面向对象带来的好处,这正是它能吸引众多支持者的原因之一。

如实验图11-1所示。

导出到test5.txt,如实验图11-2所示。

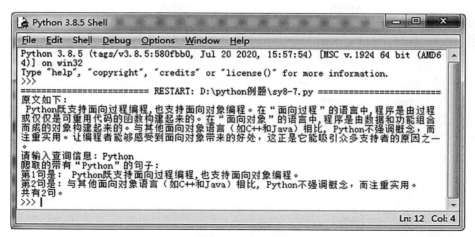

实验图 11-1　运行结果

实验图 11-2　test5.txt 内容

6. 实验解析

（1）遍历文本文件中的所有内容，并且输出到屏幕。test1.txt 文本文件内容如下：

中国

山东省

青岛市

崂山区松岭路99号

青岛科技大学欢迎您！

信息科学技术学院欢迎您！

【题目分析】

为了程序书写简单，我们采用相对路径的方式打开文本文件 test1.txt。上下文管理关键词 with 语句可以自动管理与文件有关的系统资源，不管什么原因造成程序跳出 with 语句块（即使代码引发异常），均能够确保文件正常关闭。

【参考代码】

```
i=1
with open('test1.txt') as fp1:    #使用相对路径
    for line in fp1:    #遍历
        print("第"+str(i)+"行:",line)
        i+=1
fp1.close()
```

【运行结果】

运行结果如实验图11-3所示。

Python 3.8.0a1 Shell

```
Python 3.8.0a1 (tags/v3.8.0a1:e75eeb00b5, Feb  3 2019, 19:46:54) [MSC v.1916
32 bit (Intel)] on win32
Type "help", "copyright", "credits" or "license()" for more information.
>>>
==================== RESTART: D:/Python实践题目/test.py ==================
======
第1行：  中国

第2行：  山东省

第3行：  青岛市

第4行：  崂山区松岭路99号

第5行：  青岛科技大学欢迎您！

第6行：  信息科学技术学院欢迎您！
```

实验图11-3　运行结果

（2）Python根据关键词提取文本文件test2.txt中的手机号码。test2.txt文本文件的内容
如下：

    我在青岛科技大学信息科学技术学院

    手机号码：13963987632

    我的地址：青岛市崂山区

【参考代码】

```python
import re
fp1=open('test2.txt','r')
fp2=open('call.txt','w+')
a=[ ]
for line in fp1.readlines():
    if re.findall('手机号码：',line):
        a.append(line.split('：'))
for i in range(a.__len__()):
    if len(a[i][1])==12 and a[i][1][0]=='1':
        print(a[i][1])
        f2.write(a[i][1])     #把查找到的行写入fp2
fp1.close()
fp2.close()
```

【运行结果】

运行结果如实验图11-4所示。

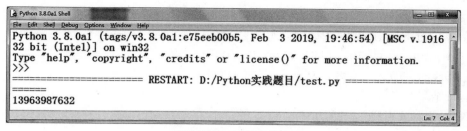

实验图 11-4　运行结果

（3）建立九九乘法表的文本文件，即将九九乘法表存放在 D 盘根目录下的一个文本文件中，该文件命名为 result.txt。

【参考代码】

```
with open('D:\\result.txt','w+',encoding='utf-8') as fp3:     #使用绝对路径
    for i in range(1,10):
        for j in range(1,i+1):
            fp3.write(str(j)+'*'+str(i)+'='+str(i*j)+' ')
        fp3.write('\n')
```

【运行结果】

运行结果如实验图 11-5 所示。

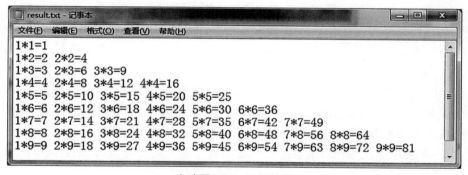

实验图 11-5　运行结果

（4）CSV 格式文件，用以存放学生的考试成绩，每个学生存放 5 项信息：学号、姓名、语文成绩、数学成绩和英语成绩。

【题目分析】

CSV 文件格式是一种通用的电子表格和数据库导入导出格式。文件的每一行就代表一条数据，每条记录包含由逗号分隔的一个或多个属性值。很多程序在处理数据时都会碰到 CSV 这种格式的文件，Python 中的 CSV 模块封装了许多相关功能。

【参考代码】

```
import csv
fp4=open('D:\\score.csv','w+')
w=csv.writer(fp4)
w.writerows([["学号","姓名","语文","数学","英语"]])
```

```
w.writerows([["101","王小莉",93,98,95]])
w.writerows([["102","马晓燕",100,92,97]])
w.writerows([["103","刘文文",97,95,100]])
fp4.close()
```

【运行结果】

运行结果如实验图11-6所示。

实验图11-6　运行结果

（5）在下段文字中请输入查询关键词爬取带有此信息的句子输出后导出到文件test3.txt。

Python既支持面向过程编程，也支持面向对象编程。在"面向过程"的语言中，程序是由过程或仅仅是可重用代码的函数构建起来的。在"面向对象"的语言中，程序是由数据和功能组合而成的对象构建起来的。与其他面向对象语言（如C++和Java）相比，Python不强调概念，而注重实用。让编程者能够感受到面向对象带来的好处，这正是它能吸引众多支持者的原因之一。

【参考代码】

```
word="""Python既支持面向过程编程，也支持面向对象编程。在"面向过程"的语言
中，程序是由过程或仅仅是可重用代码的函数构建起来的。在"面向对象"的语言中，
程序是由数据和功能组合而成的对象构建起来的。与其他面向对象语言（如C++
和Java）相比，Python不强调概念，而注重实用。让编程者能够感受到面向对象带来的
好处，这正是它能吸引众多支持者的原因之一。"""
total=0
sentences=list(word.split("。"))
f1=open('test3.txt','w+')
print("原文如下:")
print(word)
wordselect=input("请输入查询信息:")
```

```
print("爬取的带有"{}"的句子:".format(wordselect))
f1.write("输入的查询信息是:{}\n".format(wordselect))
for i in range(0,len(sentences)):
    if sentences[i].find(wordselect)!=-1:
        sentences[i]=sentences[i]+"。"
        total+=1
        print("第{}句是:{}".format(total,sentences[i]))
        f1.write("第{}句是:{}\n".format(total,sentences[i]))
print("共有{}句。".format(total))
f1.write("共有{}句。\n".format(total))
f1.close()
```

【运行结果】

略。

实验 12 Python turtle 绘图操作练习

1. 实验性质

验证型实验★,设计型实验★★★★。

2. 实验学时

2学时。

3. 实验目的

序号	实验目的	星级
1	理解 Turtle 库的绘制原理	★
2	了解 Turtle 库的绘图坐标体系	★
3	熟练掌握画笔的控制命令、运动命令、填充命令	★★★★
4	掌握常见图形的绘制过程	★★★
5	练习 Turtle 库的全局控制命令	★★

4. 预备知识

❖ Turtle 库的绘制原理:可以想象有一只海龟,初始位置在窗口中央,且方向朝正右方,海龟走过的轨迹形成了绘制的图案。我们控制海龟的行动轨迹,并且可以设定轨迹的大小、颜色等。我们用两个词语描述海龟的状态:一是坐标,二是朝向。

❖ 要掌握 Turtle 画笔的控制命令,比如抬起画笔 turtle.penup()、落下画笔 turtle.pen-down()、设置画笔宽度 turtle.pensize()、设置画笔颜色 turtle.pencolor()、设置画笔速度 turtle.speed()、左转 turtle.left()、右转 turtle.right()、转向 turtle.seth()等命令。

❖ 要掌握 Turtle 画笔的运动命令,比如前进 turtle.forward()、后退 turtle.backward()、绘制圆及圆弧 turtle.circle()、移动 turtle.goto()等命令。

❖ 要掌握 Turtle 画笔的填充命令,比如开始填充 turtle.begin_fill()、结束填充 turtle.end_fill()等命令。

❖ 要掌握 Turtle 绘图窗体布局的相关命令,可以利用 turtle.setup()设置窗体的大小及位置,该命令的格式为:setup(width,height,startx,starty);也可以利用 turtle.screensize()设置窗体的大小和背景色,该命令的格式为:screensize(width,height,bgcolor)。

❖ 要掌握 Turtle 的全局控制命令,比如清空窗口 turtle.clear()、重置窗口 turtle.reset()、

写文本 turtle.write( )等命令。

❖ Turtle 采用 RGB 色彩体系,即用红、绿、蓝三个通道的颜色组合,可覆盖视力所能感知的所有颜色,RGB 每色取值范围为0~255整数或0~1小数。可以利用 turtle.colormode( )函数进行颜色模式的切换。

5. 实验内容

(1)绘制实验图12-1所示的图形。要求正方形的边长为180像素;左上三角形填充为黄色,右下三角形填充为红色。

(2)绘制实验图12-2所示的红五角星。要求边长为200像素。

(3)绘制实验图12-3所示的太极图。要求大圆半径为100像素,图中黑色区域中的白点直径为20像素,白色区域中的黑点直径为20像素。

(4)绘制实验图12-4所示的太阳花。要求边长为150像素。

(5)绘制实验图12-5所示的螺旋图案。

(6)绘制实验图12-6所示的2022年北京冬奥会吉祥物冰墩墩。【思政】

实验图12-1　　　　实验图12-2　　　　实验图12-3　　　　实验图12-4

实验图12-5　　　　　　　实验图12-6

6. 实验解析

(1)绘制如实验图12-1所示的图形。要求正方形的边长为180像素;左上三角形填充为黄色,右下三角形填充为红色。

【题目分析】

Turtle绘图的图形填充需要分4步操作:第一步设定填充色,一般使用 turtle.fillcor( );第二步开始填充,一般使用 turtle.begin_fill( );第三步进行画图;第四步结束填充,一般使用 turtle.end_fill( )。该程序先绘制右下红色三角形,再绘制左上黄色三角形。

【参考代码】

```
import turtle
```

```
turtle.fillcolor("red")
turtle.begin_fill()
turtle.forward(180)
turtle.left(90)
turtle.forward(180)
turtle.home()
turtle.end_fill()
turtle.left(90)
turtle.fillcolor("yellow")
turtle.begin_fill()
turtle.forward(180)
turtle.right(90)
turtle.forward(180)
turtle.home()
turtle.end_fill()
turtle.hideturtle()
turtle.done()
```

【运行结果】

略。

(2) 绘制如实验图12-2所示的红五角星。要求边长为200像素。

【题目分析】

因为五角星的内角和是180°,五角星的每个内角是180°÷5=36°,所以每次旋转角度是180°−36°=144°。利用5次循环,每次右转144°,即可得到五角星。利用图形填充,就可以得到红五角星。

【参考代码】

```
import turtle
turtle.color("red", "red")
turtle.begin_fill()
for x in range(5):
    turtle.forward(200)
    turtle.right(144)
turtle.end_fill()
turtle.hideturtle()
turtle.done()
```

【运行结果】

略。

(3) 绘制如实验图12-3所示的太极图。要求大圆半径为100像素,图中黑色区域中的白点直径为20像素,白色区域中的黑点直径为20像素。

【题目分析】

在绘制由圆或圆弧构成的图形时,一定要注意画笔的当前朝向。太极图的黑色部分由三个半圆弧构成,是一个封闭区域,需要填充黑色;太极图的白色部分因为与背景色相同,因此可以不用进行填充。最后用turtle.dot( )绘制出内部的小白点和小黑点。

【参考代码】

```
import turtle
turtle.fillcolor("black")
turtle.begin_fill()
turtle.circle(100,180)
turtle.circle(50,180)
turtle.circle(-50,180)
turtle.end_fill()
turtle.circle(-100,180)
turtle.end_fill()
turtle.penup()
turtle.goto(0,50)
turtle.pendown()
turtle.dot(20,"black")
turtle.penup()
turtle.goto(0,150)
turtle.pendown()
turtle.dot(20,"white")
turtle.hideturtle()
turtle.done()
```

【运行结果】

略。

(4) 绘制如实验图12-4所示的太阳花。要求边长为150像素。

【题目分析】

三十六角星即为太阳花。因为三十六角星的内角和是360°,每个内角是360°÷36=10°,所以每次旋转角度是180°-10°=170°。利用36次循环,每次右转170°,再利用图形填充,就可以得到指定颜色的太阳花。

【参考代码】

```
import turtle
turtle.pensize(2)
turtle.speed(10)
turtle.screensize(500,500,"skyblue")
turtle.color("red")
turtle.fillcolor("yellow")
```

```
turtle.begin_fill()
for x in range(36):
    turtle.forward(250)
    turtle.right(170)
turtle.end_fill()
turtle.hideturtle()
turtle.done()
```

【运行结果】

略。

（5）绘制如实验图12-5所示的螺旋图案。

【题目分析】

可以使用turtle.pencolr()设置画笔的颜色，使用turtle.bgcolor()设置背景色。这个旋转图形是在正六边形的基础上实现的。在循环结构中，通过不断增加所绘制线段的长度，达到图形不断向外扩展的效果；通过每次偏转61°，达到图形不断向外旋转的效果，从而得到了旋转图形。

【参考代码】

```
import turtle
turtle.speed(0)
turtle.pensize(3)
turtle.pencolor('red')
turtle.bgcolor('black')
turtle.hideturtle()
for x in range(120):
    turtle.forward(1.5*x)
    turtle.left(61)
```

【运行结果】

略。

（6）绘制如实验图12-6所示的2022年北京冬奥会吉祥物冰墩墩。【思政】

【题目分析】

2022年，第24届冬季奥林匹克运动会在北京举行。北京冬奥会向全世界呈现了“中国式浪漫”和“双奥情怀”。17岁的苏翊鸣、18岁的谷爱凌、20岁的赵嘉文、21岁的李文龙……他们用爱国的情怀、精湛的能力和昂扬的斗志，向全世界展示了中国精神和中国力量，展示了中国青年热情开朗、包容进取的形象。多少次的失败，多少次的振作，他们的执着值得我们无限尊重。

憨厚、可爱的冰墩墩，是2022年北京冬奥会的吉祥物，它将熊猫形象与富有超能量的冰晶外壳相结合，头部外壳造型取自冰雪运动头盔，装饰彩色光环，整体形象酷似航天员。冰墩墩寓意创造非凡、探索未来，体现了追求卓越、引领时代，以及面向未来的无限可能。

【参考代码】

```
import turtle
#速度
turtle.speed(1)
#绘制左手
turtle.penup()
turtle.goto(177,112)
turtle.pencolor("lightgray")
turtle.pensize(3)
turtle.fillcolor("white")
turtle.begin_fill()
turtle.pendown()
turtle.setheading(80)
turtle.circle(-45,200)
turtle.circle(-300,23)
turtle.end_fill()
turtle.penup()
turtle.goto(182,95)
turtle.pencolor("black")
turtle.pensize(1)
turtle.fillcolor("black")
turtle.begin_fill()
turtle.setheading(95)
turtle.pendown()
turtle.circle(-37,160)
turtle.circle(-20,50)
turtle.circle(-200,30)
turtle.end_fill()
#绘制轮廓
turtle.penup()
turtle.goto(-73,230)
turtle.pencolor("lightgray")
turtle.pensize(3)
turtle.fillcolor("white")
turtle.begin_fill()
turtle.pendown()
turtle.setheading(20)
turtle.circle(-250,35)
turtle.setheading(50)
turtle.circle(-42,180)
```

```
turtle.setheading(-50)
turtle.circle(-190,30)
turtle.circle(-320,45)
turtle.circle(120,30)
turtle.circle(200,12)
turtle.circle(-18,85)
turtle.circle(-180,23)
turtle.circle(-20,110)
turtle.circle(15,115)
turtle.circle(100,12)
turtle.circle(15,120)
turtle.circle(-15,110)
turtle.circle(-150,30)
turtle.circle(-15,70)
turtle.circle(-150,10)
turtle.circle(200,35)
turtle.circle(-150,20)
turtle.setheading(-120)
turtle.circle(50,30)
turtle.circle(-35,200)
turtle.circle(-300,23)
turtle.setheading(86)
turtle.circle(-300,26)
turtle.setheading(122)
turtle.circle(-53,160)
turtle.end_fill()
#填充右耳内
turtle.penup()
turtle.goto(-130,180)
turtle.pencolor("black")
turtle.pensize(1)
turtle.fillcolor("black")
turtle.begin_fill()
turtle.pendown()
turtle.setheading(120)
turtle.circle(-28,160)
turtle.setheading(210)
turtle.circle(150,20)
turtle.end_fill()
```

```
#填充左耳内
turtle.penup( )
turtle.goto(90,230)
turtle.setheading(40)
turtle.begin_fill( )
turtle.pendown( )
turtle.circle(-30,170)
turtle.setheading(125)
turtle.circle(150,23)
turtle.end_fill( )
#填充右手内
turtle.penup( )
turtle.goto(-180,-55)
turtle.fillcolor("black")
turtle.begin_fill( )
turtle.setheading(-120)
turtle.pendown( )
turtle.circle(50,30)
turtle.circle(-27,200)
turtle.circle(-300,20)
turtle.setheading(-90)
turtle.circle(300,14)
turtle.end_fill( )
#填充左腿内
turtle.penup( )
turtle.goto(108,-168)
turtle.fillcolor("black")
turtle.begin_fill( )
turtle.pendown( )
turtle.setheading(-115)
turtle.circle(110,15)
turtle.circle(200,10)
turtle.circle(-18,80)
turtle.circle(-180,13)
turtle.circle(-20,90)
turtle.circle(15,60)
turtle.setheading(42)
turtle.circle(-200,29)
turtle.end_fill( )
```

```python
#填充右腿内
turtle.penup()
turtle.goto(-38,-210)
turtle.fillcolor("black")
turtle.begin_fill()
turtle.pendown()
turtle.setheading(-155)
turtle.circle(15,100)
turtle.circle(-10,110)
turtle.circle(-100,30)
turtle.circle(-15,65)
turtle.circle(-100,10)
turtle.circle(200,15)
turtle.setheading(-14)
turtle.circle(-200,27)
turtle.end_fill()
#绘制右眼
turtle.penup()
turtle.goto(-64,120)
turtle.begin_fill()
turtle.pendown()
turtle.setheading(40)
turtle.circle(-35,152)
turtle.circle(-100,50)
turtle.circle(-35,130)
turtle.circle(-100,50)
turtle.end_fill()
turtle.penup()
turtle.goto(-47,55)
turtle.fillcolor("white")
turtle.begin_fill()
turtle.pendown()
turtle.setheading(0)
turtle.circle(25,360)
turtle.end_fill()
turtle.penup()
turtle.goto(-45,62)
turtle.pencolor("darkslategray")
turtle.fillcolor("darkslategray")
```

```
turtle.begin_fill()
turtle.pendown()
turtle.setheading(0)
turtle.circle(19,360)
turtle.end_fill()
turtle.penup()
turtle.goto(-45,68)
turtle.fillcolor("black")
turtle.begin_fill()
turtle.pendown()
turtle.setheading(0)
turtle.circle(10,360)
turtle.end_fill()
turtle.penup()
turtle.goto(-47,86)
turtle.pencolor("white")
turtle.fillcolor("white")
turtle.begin_fill()
turtle.pendown()
turtle.setheading(0)
turtle.circle(5,360)
turtle.end_fill()
#绘制左眼
turtle.penup()
turtle.goto(51,82)
turtle.fillcolor("black")
turtle.begin_fill()
turtle.pendown()
turtle.setheading(120)
turtle.circle(-32,152)
turtle.circle(-100,55)
turtle.circle(-25,120)
turtle.circle(-120,45)
turtle.end_fill()
turtle.penup()
turtle.goto(79,60)
turtle.fillcolor("white")
turtle.begin_fill()
turtle.pendown()
```

```python
turtle.setheading(0)
turtle.circle(24,360)
turtle.end_fill()
turtle.penup()
turtle.goto(79,64)
turtle.pencolor("darkslategray")
turtle.fillcolor("darkslategray")
turtle.begin_fill()
turtle.pendown()
turtle.setheading(0)
turtle.circle(19,360)
turtle.end_fill()
turtle.penup()
turtle.goto(79,70)
turtle.fillcolor("black")
turtle.begin_fill()
turtle.pendown()
turtle.setheading(0)
turtle.circle(10,360)
turtle.end_fill()
turtle.penup()
turtle.goto(79,88)
turtle.pencolor("white")
turtle.fillcolor("white")
turtle.begin_fill()
turtle.pendown()
turtle.setheading(0)
turtle.circle(5,360)
turtle.end_fill()
#绘制鼻子
turtle.penup()
turtle.goto(37,80)
turtle.fillcolor("black")
turtle.begin_fill()
turtle.pendown()
turtle.circle(-8,130)
turtle.circle(-22,100)
turtle.circle(-8,130)
turtle.end_fill()
```

```
#绘制嘴巴
turtle.penup()
turtle.goto(-15,48)
turtle.setheading(-36)
turtle.begin_fill()
turtle.pendown()
turtle.circle(60,70)
turtle.setheading(-132)
turtle.circle(-45,100)
turtle.end_fill()
#绘制彩虹圈
turtle.penup()
turtle.goto(-135,120)
turtle.pensize(5)
turtle.pencolor("greenyellow")
turtle.pendown()
turtle.setheading(60)
turtle.circle(-165,150)
turtle.circle(-130,78)
turtle.circle(-250,30)
turtle.circle(-138,105)
turtle.penup()
turtle.goto(-131,116)
turtle.pencolor("gold")
turtle.pendown()
turtle.setheading(60)
turtle.circle(-160,144)
turtle.circle(-120,78)
turtle.circle(-242,30)
turtle.circle(-135,105)
turtle.penup()
turtle.goto(-127,112)
turtle.pencolor("orangered")
turtle.pendown()
turtle.setheading(60)
turtle.circle(-155,136)
turtle.circle(-116,86)
turtle.circle(-220,30)
turtle.circle(-134,103)
```

```
turtle.penup()
turtle.goto(-123,108)
turtle.pencolor("slateblue")
turtle.pendown()
turtle.setheading(60)
turtle.circle(-150,136)
turtle.circle(-104,86)
turtle.circle(-220,30)
turtle.circle(-126,102)
turtle.penup()
turtle.goto(-120,104)
turtle.pencolor("cyan")
turtle.pendown()
turtle.setheading(60)
turtle.circle(-145,136)
turtle.circle(-90,83)
turtle.circle(-220,30)
turtle.circle(-120,100)
turtle.penup()
#绘制右手中的爱心
turtle.penup()
turtle.goto(220,115)
turtle.pencolor("brown")
turtle.pensize(1)
turtle.fillcolor("brown")
turtle.begin_fill()
turtle.pendown()
turtle.setheading(36)
turtle.circle(-8,180)
turtle.circle(-60,24)
turtle.setheading(110)
turtle.circle(-60,24)
turtle.circle(-8,180)
turtle.end_fill()
#绘制奥运五环
turtle.penup()
turtle.goto(-5,-170)
turtle.pendown()
turtle.pencolor("blue")
```

```
turtle.circle(6)
turtle.penup()
turtle.goto(10,-170)
turtle.pendown()
turtle.pencolor("black")
turtle.circle(6)
turtle.penup()
turtle.goto(25,-170)
turtle.pendown()
turtle.pencolor("brown")
turtle.circle(6)
turtle.penup()
turtle.goto(2,-175)
turtle.pendown()
turtle.pencolor("lightgoldenrod")
turtle.circle(6)
turtle.penup()
turtle.goto(16,-175)
turtle.pendown()
turtle.pencolor("green")
turtle.circle(6)
turtle.penup()
#书写文字"BEIJING 2022"
turtle.pencolor("black")
turtle.goto(-16,-160)
turtle.write("BEIJING 2022",font=('Arial',10,'bold italic'))
turtle.hideturtle()
turtle.done()
```

【运行结果】

略。

第3部分　Python课程设计与实训

　　第三部分为 Python 高级应用,是 Python 程序设计的实训部分,该部分提供两个实训案例:实训一是 Python 数据处理;实训二是简单的 PythonWeb 案例学习。这两个实训案例供感兴趣的用户学习、了解和使用。

实训 1　学生成绩考核系统

1. 实训目的

本实训旨在开发一个对学生成绩进行评估的脚本。你的身份是一个学校的教师,教师的工作之一就是对学生的成绩进行评估,在部分学校体系中,学生的成绩最终是用字母等级进行划分。与大多数教师一样,本学期使用了多种信息系统来管理课堂,包括:

① 学生管理系统。

② 作业和考试评分管理系统。

③ 日常测试的评分管理系统。

2. 实验环境与准备

本次项目需要先安装 Anaconda,再通过 Anaconda 安装 Jupyter Lab。需要加载的库有:Pandas、Pathlib、NumPy、Glob、Matplotlib。

3. 实训数据

在这个 Pandas 项目中,将创建一个 Python 脚本,用于加载存储于不同文件内的成绩数据并计算学生的总成绩。

在本项目中,将使用示例数据来表示可能从这些系统中获得的信息,数据位于逗号分隔值(CSV)文件中。

在本项目中,将:

① 使用 Pandas 加载和合并来自多个来源的数据。

② 在 DataFrame 中筛选和分组数据。

③ 在 DataFrame 中计算并绘制图表。

该项目包括 4 个主要步骤:

① 探索在项目中使用的数据,以确定计算最终成绩所需的格式和数据。

② 将数据加载到 Pandas 数据框中,确保在所有数据源中连接同一个学生的成绩。

③ 计算最终成绩并将其保存为 CSV 文件。

④ 绘制成绩分布图,探索学生之间的成绩差异。

我们拥有的文件及数据如下:

(1) 文件 roster.csv

该文件来自学生管理系统的文件,其包含花名册字段的信息有 5 个,如下所示:

① ID:标识符。

② Name：学生姓名。

③ NetID：网络标识符。

④ Email Address：学生电子邮箱地址。

⑤ Section：不同时间段的课程，在本学期中，你在不同的时间段教授了同一个班级，每个不同的时间段都有不同的section号（第一个时间段是section 1，第二个时间段是section 2，……）。

（2）文件 hw_exam_grades.csv

该文件来自作业和考试评分管理系统的文件，其包含家庭作业和考试成绩，其列的安排与花名册略有不同。

① SID：学生标识符。

② First Name：学生的名。

③ Last Name：学生的姓。

④ Homework x：x为1～10的数字，代表着该学生第几次作业的成绩。

⑤ Homework x-Max Points：x为1～10的数字，代表着该次作业的满分是多少分。

⑥ Homework x-Submission Time：x为1～10的数字，代表着该次作业的提交时间。

⑦ Exam x：x为1～10的数字，代表着该学生第几次考试的成绩。

⑧ Exam x-Max Points：x为1～3的数字，代表着该次考试的满分是多少分。

⑨ Exam x-Submission Time：x为1～3的数字，代表着该次考试的提交时间。

（3）文件 quiz_x_grades.csv

该文件中x为1～5的数字，包含小测验（quiz）分数的文件，这些文件是分开的，其中共有5个文件，为了在每个数据文件中存储一个测验的信息。

① Last Name：学生的姓。

② First Name：学生的名。

③ Email：学生的电子邮箱地址。

④ Grade：学生该测验的成绩。

需要注意的点：

① 每个表的姓名格式不一样，有的是"姓、名"存在同一列，有的则分为两列存储。

② 同样含义的列可能在不同的表中列名不一样（比如NetID、SID）。

③ 每个学生在每个表中的姓名会有所不同，比如John Flower喜欢别人用他的中间名（middle name）Gregg称呼他，因此他在作业系统中显示的名字不是John Flower而是Gregg。

④ 每个学生的电子邮件地址都不同，如果一个电子邮件地址已由另一名学生注册，则不能再用于其他学生。虽然邮箱的基本格式是first.last@univ.edu，但也有特例，所以无法完全通过邮箱地址和学生的姓名直接相互判断。

⑤ 每个表对数据进行不同的排序：在花名册表中，数据按ID列排序；在家庭作业表中，数据按名字的第一个字母排序；在测验表中，数据按随机顺序排序。

⑥ 表中的每一行或每一列都可能缺少数据。

4. 实训具体过程

（1）读取文件

① 读取花名册文件。用 pd 读取花名册文件 roster.csv。为了帮助以后处理数据，可以使用 index_col 设置索引，并且只包含有用的列。

为了确保以后可以比较字符串，还可以传递 converters 参数将列转换为小写，以便后面进行的字符串之间的比较。

```
import Pandas as pd
from pathlib import Path
import numpy as np
roster=pd.read_csv("data/roster.csv",
    converters={"NetID": str.lower, "Email Address": str.lower},
    usecols=["Section", "Email Address", "NetID"],
    index_col="NetID",
    )
roster.head()
```

用 head() 可以看到前 5 行，处理后的名单如实训图 1-1 所示。

NetID	Email Address	Section
wxb12345	woody.barrera_jr@univ.edu	1
mxl12345	malaika.lambert@univ.edu	2
txj12345	traci.joyce@univ.edu	1
jgf12345	john.g.2.flower@univ.edu	3
smj00936	stacy.johnson@univ.edu	2

实训图 1-1　名单列表

② 读取家庭作业和考试文件。用 pd 读取 hw_exam_grades.csv 中的成绩和满分分值数据。

```
hw_exam_grades=pd.read_csv(
    "data/hw_exam_grades.csv",
    converters={"SID": str.lower},
    usecols=lambda x: "Submission" not in x,
    index_col="SID",
    )
```

在这段代码中再次使用 converters 参数将 SID 和电子邮件地址列中的数据转换为小写，以确保所有内容都是一致的。同时还需要将 SID 指定为索引列，以匹配花名册数据帧。

在这个 CSV 文件中，有许多包含作业提交时间的列，由于不会在进一步的分析中使用它们,所以不需要读取。然而还有太多其他的数据列需要保留,所以手动一个个列出这些列名的工作有些繁琐。为了解决这个问题,usecols使用一个参数(列名)调用的函数lambda x: "Submission" not in x。如果列名中出现字符串"Submission",函数返回True,则该列被保留,否则该列将不会被读取。

最后用head( )查看前5行。

　　　hw_exam_grades.head( )

结果如实训图1-2所示。

	First Name	Last Name	Homework 1	Homework 1 - Max Points	Homework 2	Homework 2 - Max Points	Homework 3	Homework 3 - Max Points	Homework 4	Homework 4 - Max Points	...	Homework 9	Homework 9 - Max Points	Homework 10
SID														
axl60952	Aaron	Lester	68.0	80	74	80	77	80	89	100	...	42	60	41
amc28428	Adam	Cooper	80.0	80	78	80	78	80	87	100	...	45	60	53
axc64717	Alec	Curry	69.0	80	76	80	66	80	87	100	...	58	60	42
akr14831	Alexander	Rodriguez	50.0	80	54	80	74	80	75	100	...	38	60	47
axd11293	Amber	Daniels	54.0	80	57	80	77	80	95	100	...	46	60	59

5 rows × 28 columns

实训图1-2　head( )查看结果

③ 读取小测验成绩文件。本学期共有5次小测验,成绩分别存储在不同的文件里,所以这一步要读取以下5个文件:

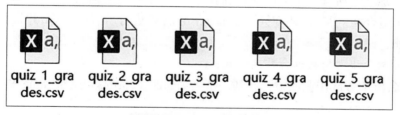

实训图1-3　需要读取的文件

提取每个文件中各个小测验的成绩,并汇总到同一张表中。首先创建一个名为quiz_grades的空白DataFrame,并用list.append( )函数逐步为其增添列。使用glob( )函数以及正则表达式quiz_*_grades.csv检索到所有相关文件。同时确保将电子邮件地址转换为小写,并将每个测验的索引列设置为学生的电子邮件地址,该统一的索引用于通过pd.concat( )函数对齐每个学生的数据。最后,使用DataFrame.rename( )将成绩列的名称更改为每个测验的特定名称。

```
from glob import glob
lst_file=glob("data\\quiz_*_grades.csv")
```

```
quiz_grades=pd.DataFrame()
for in_file in lst_file:
    name="Quiz "+in_file.split("_")[1]
    quiz=pd.read_csv(
in_file,
        converters={"Email": str.lower},
index_col=["Email"],
usecols=["Email", "Grade"],
    ).rename(columns={"Grade": name})
quiz_grades=pd.concat([quiz_grades, quiz], axis=1)
quiz_grades.head()
```

最终处理结果显示前5行,如实训图1-4所示。

Email	Quiz 1	Quiz 2	Quiz 3	Quiz 4	Quiz 5
richard.bennett@univ.edu	10	6	9	8	10
timothy.parker@univ.edu	9	14	13	14	10
carol.reyes@univ.edu	5	15	8	14	6
brooke.powers@univ.edu	6	10	17	10	8
michael.taylor@univ.edu	5	15	13	12	5

实训图1-4　处理结果

(2) 合并各个成绩的 DataFrame

现在已经加载了所有需要的数据,我们以学生电子邮箱为索引,将储存有三种不同成绩的 DataFrame 组合在一起,以便在同一个 DataFrame 里进行所有的计算,并最后将完整的成绩册保存下来。

通过下面两个步骤将数据合并在一起:

① 将花名册和考试作业成绩合并到一个名为 final_data 的新 DataFrame 中。

```
final_data=pd.merge(
    roster, hw_exam_grades, left_index=True, right_index=True,
)
final_data.head()
```

② 再将上一步的结果和测验成绩合并在一起。

```
final_data=pd.merge(
final_data, quiz_grades, left_on='Email Address', right_on='Email', how='left'
)
final_data.head()
```

前5行结果如实训图1-5所示。

Email Address	Section	First Name	Last Name	Homework 1	Homework 1 - Max Points	Homework 2	Homework 2 - Max Points	Homework 3	Homework 3 - Max Points	...	Exam 1 - Max Points	Exam 2	Exam 2 - Max Points	Exam 3	Exam 3 - Max Points	Quiz 1	Quiz 2	Quiz 3	Quiz 4	Quiz 5
woody.barrera_jr@univ.edu	1	Woody	Barrera	55.0	80	62	80	73	80	...	100	62	100	90	100	4	10	11	7	10
malaika.lambert@univ.edu	2	Malaika	Lambert	63.0	80	57	80	78	80	...	100	91	100	93	100	8	10	10	13	6
traci.joyce@univ.edu	1	Traci	Joyce	NaN	80	77	80	58	80	...	100	84	100	64	100	8	6	14	9	4
john.g.2.flower@univ.edu	3	Gregg	Flower	69.0	80	52	80	64	80	...	100	83	100	77	100	8	8	8	13	5
stacy.johnson@univ.edu	2	Stacy	Johnson	74.0	80	55	80	60	80	...	100	80	100	86	100	6	14	11	7	7

ws × 35 columns

实训图1-5　合并

这样就拥有了一个包含全部所需数据的DataFrame。

合并完成后,在继续计算成绩之前还要再进行一次数据清理。由于表中的空缺值不是数字格式,所以不能用于计算,还要用一个数字去填补。在这段代码中,使用DataFrame.fillna()用值0填充数据中的所有nan值。这是一个比较合理的解决方式,因为学生成绩的缺失往往意味着没有交作业或者没来参加考试,所以按0分记录。

final_data＝final_data.fillna(0)

final_data.head()

（3）计算成绩和等级

成绩涉及三个类别的分数:

-考试

-作业

-测验

我们对本学期的课程分配了以下权重,如实训图1-6所示。

Category	Percent of Final Grade	Weight
Exam 1 Score	5	0.05
Exam 2 Score	10	0.10
Exam 3 Score	15	0.15
Quiz Score	30	0.30
Homework Score	40	0.40

实训图1-6　权重分配

最终得分是要通过将权重乘以每个类别的分数并将计算后的所有值相加来计算。最后还要将总分数转换为最终的字母等级。根据先前提到的规则计算成绩和等级,并将所有该步骤计算出来的成绩和等级都要和其他数据一起存放在总表中。

首先要计算每个类别的总分,它们是从0到1的浮点数,代表学生相对于可能的最高分数获得的分数。

① 考试总成绩计算。由于每次考试都有一个唯一的权重,因此可以使用for循环单独计算每次考试的总分。

在这段代码中,将n_exams(考试次数,也是循环的次数)设置为3,因为学期中有3次考试。然后通过循环每次考试来计算分数,方法是将原始分数除以该考试的最高分数。

```
n_exams=3
for n in range(1, n_exams + 1):
final_data[f"Exam {n} Score"]=(
final_data[f"Exam {n}"] / final_data[f"Exam {n} - Max Points"]
    )
final_data.head()
```

结果如实训图1-7所示。

NetID	Exam 1 Score	Exam 2 Score	Exam 3 Score
wxb12345	0.86	0.62	0.90
mxl12345	0.60	0.91	0.93
txj12345	1.00	0.84	0.64
jgf12345	0.72	0.83	0.77

实训图1-7　总分

② 作业成绩计算。

接下来计算家庭作业的分数。每个家庭作业的满分分值从50分到100分不等,因此计算家庭作业分数有两种方法:

第一种是按总分:将原始分数和最高分数分别相加,然后取其比率。

第二种是按平均分数:将每个原始分数除以各自的最大分数,然后取这些比率之和,再除以总的作业数。

第一种方法可以使表现一贯稳定的学生获得更高的分数,而第二种方法可以使那些在作业方面表现更出色的学生获得更高的分数。为了能给所有学生最好的成绩,我们将在这两个分数中取最高的分数作为该学生最终作业成绩。

计算这些分数需要几个步骤:收集包含家庭作业数据的列;计算总分;计算平均分;比较上面两个分数哪个分数更大,并将最高分数作为学生的作业总分。

首先,收集所有包含家庭作业数,再通过正则表达式筛选出所有作业的满分分值,如果列名与正则表达式不匹配,则该列将不会包含在生成的DataFrame中。

homework_max_points＝final_data.filter(regex＝r″^Homework \d\d? -″, axis＝1)

homework_max_points

　　再计算作业总成绩,作业总成绩(Total Homework)等于该学生所有单次作业成绩之和除以所有这些单次作业满分分值之和。

sum_of_hw_scores＝homework_scores.sum(axis＝1)

sum_of_hw_max＝homework_max_points.sum(axis＝1)

final_data[″Sum of Homework Scores″]＝sum_of_hw_scores

final_data[″Sum of Max Scores″]＝sum_of_hw_max

final_data[″Total Homework″]＝final_data[″Sum of Homework Scores″] / final_data [″Sum of Max Scores″]

final_data[[″Sum of Homework Scores″,″Sum of Max Scores″,″Total Homework″]]

　　计算作业平均分,作业平均分(Average Homework)等于每个家庭作业的分数除以它的最高分数,将这些值相加,再除以总作业数。

hw_max_renamed＝homework_max_points. set_axis (homework_scores. columns, axis＝1)

average_hw_scores＝(homework_scores / hw_max_renamed).sum(axis＝1)

final_data[″Average Homework″]＝average_hw_scores / homework_scores.shape[1]

final_data[[″Sum of Homework Scores″,″Sum of Max Scores″,″TotalHomework″,″Average Homework″]]

　　计算最终作业总成绩,比较每个学生 Total Homework 和 Average Homework 的值,选取两者中最大的值作为该生作业的最终成绩。

final_data[″Homework Score″]＝final_data[

　　[″Total Homework″, ″Average Homework″]

].max(axis＝1)

final_data[[″Total Homework″,″AverageHomework″,″Homework Score″]]

　　结果如实训图 1-8 所示。

NetID	Total Homework	Average Homework	Homework Score
wxb12345	0.808108	0.799405	0.808108
mxl12345	0.827027	0.818944	0.827027
txj12345	0.785135	0.785940	0.785940
jgf12345	0.770270	0.765710	0.770270

实训图 1-8　作业成绩

　　③ 测验成绩计算。测验总成绩的计算方式与作业总成绩的相同。唯一的区别是,测验数据表中没有指定每个测验的最高分数,因此需要创建一个 PandasSeries 来保存这些信息:

```
quiz_scores=final_data.filter(regex=r"^Quiz \d$", axis=1)
quiz_max_points=pd.Series(
    {"Quiz 1": 11, "Quiz 2": 15, "Quiz 3": 17, "Quiz 4": 14, "Quiz 5": 12}
)
sum_of_quiz_scores=quiz_scores.sum(axis=1)
sum_of_quiz_max=quiz_max_points.sum()
final_data["Total Quizzes"]=sum_of_quiz_scores / sum_of_quiz_max
average_quiz_scores=(quiz_scores / quiz_max_points).sum(axis=1)
final_data["Average Quizzes"]=average_quiz_scores / quiz_scores.shape[1]
final_data["Quiz Score"]=final_data[
["Total Quizzes", "Average Quizzes"]
].max(axis=1)
final_data[["Total Quizzes","AverageQuizzes","Quiz Score"]]
```

结果如实训图1-9所示。

NetID	Total Quizzes	Average Quizzes	Quiz Score
wxb12345	0.608696	0.602139	0.608696
mxl12345	0.681159	0.682149	0.682149
txj12345	0.594203	0.585399	0.594203
jgf12345	0.608696	0.615286	0.615286

实训图1-9 测验成绩

④ 字母等级计算。我们已经完成了期末成绩所需的所有计算。此时考试、家庭作业和测验的分数都在0到1之间,接下来将每个分数乘以其权重,以确定最终分数,最后把这个值映射到从A到E的字母等级。

首先,使用Pandas Series来储存这些权重数据:

```
weightings=pd.Series(
    {
        "Exam 1 Score": 0.05,
        "Exam 2 Score": 0.1,
        "Exam 3 Score": 0.15,
        "Quiz Score": 0.30,
        "Homework Score": 0.4,
    }
)
```

接下来,将这些百分比与之前计算的分数结合起来,以确定最终分数:

```
final_data["Final Score"]=(final_data[weightings.index] * weightings).sum(
```

```
    axis=1
    )
final_data["Ceiling Score"]=np.ceil(final_data["Final Score"] * 100)
final_data[["Final Score", "Ceiling Score"]]
```

结果如实训图1-10所示:

NetID	Final Score	Ceiling Score
wxb12345	0.745852	75
mxl12345	0.795956	80
txj12345	0.722637	73
jgf12345	0.727194	73

实训图1-10 成绩转换

最后,将每个学生的最高分数映射到一个字母等级上:

A:分数在90分或更高

B:分数在80到90分之间

C:分数在70到80分之间

D:分数在60到70分之间

E:分数低于60分

由于每个字母等级都必须映射到一系列分数,因此不能简单地使用字典进行映射。需使用Pandas的Series.map()函数来对序列中的值应用任意函数。

```
    grades={
        90: "A",
        80: "B",
        70: "C",
        60: "D",
        0: "E",
    }
    def grade_mapping(value):
        for key, letter in grades.items():
            if value >=key:
                return letter
```

定义了grade_mapping()后,可以使用Series.map()查找字母等级:

```
letter_grades=final_data["Ceiling Score"].map(grade_mapping)
final_data["Final Grade"]=pd.Categorical(
letter_grades, categories=grades.values(), ordered=True
```

）

final_data[["Final Score", "CeilingScore", "Final Grade"]]

最终结果如实训图1-11所示：

NetID	Final Score	Ceiling Score	Final Grade
wxb12345	0.745852	75	C
mxl12345	0.795956	80	B
txj12345	0.722637	73	C
jgf12345	0.727194	73	C

实训图1-11　字母成绩

（4）数据分组

将计算好的数据同其他数据一起存入成绩管理系统。按照时间段（section）分组，将成绩存入不同的文件中，每个文件中数据根据学生的姓名的字母顺序排序（先按姓Last Name排序，同姓的话按名First Name排序）。

在这段代码使用DataFrame.groupby()将final_data按section列分组，用DataFrame.sort_values()对分组结果进行排序。最后，将排序后的数据保存到CSV文件中，以便上传到学生管理系统。

```
for section, table in final_data.groupby("Section"):
section_file＝DATA_FOLDER / f"Section {section} Grades.csv"
num_students＝table.shape[0]
print(
f"In Section {section} there are {num_students} students saved to "
f"file {section_file}."
)
table.sort_values(by=["Last Name", "First Name"]).to_csv(section_file)
```

通过section列分组自动生成的CSV文件如实训图1-12所示。

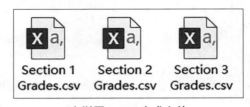

实训图1-12　生成文件

（5）绘制摘要统计数据

计总成绩每个等级（A、B、C、D、E）的学生数量。

在这段代码中，使用Series.value_counts()在Final Grade列上计算每个字母出现的数量。默认情况下，值计数按从最多到最少的顺序排列，但在此情景下我们更希望通过字母等级排序。因此使用Series.sort_index()按照定义分类列时指定的顺序对等级进行排序。

　　然后,利用Pandas中的Matplotlib,使用DataFrame.plot.bar()生成直方图。如实训图1-13所示。

```
grade_counts=final_data["Final Grade"].value_counts().sort_index()
grade_counts.plot.bar()
plt.show()
final_data["Final Score"].plot.hist(bins=20, label="Histogram")
```

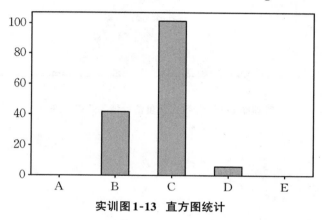

实训图1-13　直方图统计

　　从实训图1-13可以看出,获得C等级的学生占了大多数。

　　直方图是估计数据分布的其中一种方法,我们也可以发散思维想到更复杂一点的方式。比如Pandas还能够使用SciPy库的DataFrame.plot.density()计算核密度估计值,也可以猜测数据将是正态分布的,并使用数据的平均值和标准偏差手动计算正态分布:

```
final_data["Final Score"].plot.density(
    linewidth=4, label="Kernel Density Estimate"
)

final_mean=final_data["Final Score"].mean()
final_std=final_data["Final Score"].std()
x=np.linspace(final_mean - 5 * final_std, final_mean + 5 * final_std, 200)
normal_dist=scipy.stats.norm.pdf(x, loc=final_mean, scale=final_std)
plt.plot(x, normal_dist, label="Normal Distribution", linewidth=4)
plt.legend()
plt.show()
```

　　最后生成的图像如实训图1-14所示。

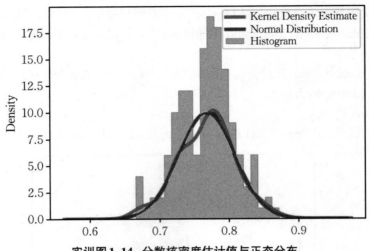

实训图1-14　分数核密度估计值与正态分布

实训2 在线Web计算器

1. 实训目的

本实训是通过实现一个在线Web计算器项目,学习使用Python Web开发技术,从零开始学习如何制作一个完整的Web项目。

2. 实训的环境与准备

该实训实战项目首先需要安装Python,可从Python的官网(https://www.python.org/get-it)下载需要的Python版本安装,然后再安装Visual Studio Code开发工具,关于下载和安装VS Code开发工具请参考第1部分第1章的内容。下面通过制作一个简单的欢迎网站,学习Python Web的开发流程和掌握Django框架的常用命令。

(1) Django安装

Web应用开发是Python应用领域的重要部分。当前主要的Python Web框架有Django、Tornado、Flask、Twisted、Bottle和Web.py等。

Django采用Python语言编写,它本身起源于一个在线新闻站点,2005年以开源形式发布。Django采用Python语言编写,结构简单,其主要优势有:

- 继承了Python语言的特性。
- 具有强大的数据库功能。
- 自带强大的后台管理功能。
- 具有优秀的模板系统用于控制前端逻辑。
- 类似热插拔的App应用理念。

Django框架的安装与一般的Python工具包安装一样,只需要在命令窗口中通过pip install命令来安装即可。Django安装与项目创建均在VS Code的终端提示符下进行。

① 启动VS Code。安装VS Code之后,启动VS Code系统,在系统中的终端提示符下,输入相关命令安装Djando框架。

② 安装Django。通过"终端"菜单,选择"新终端",在终端命令提示符下输入命令,如实训图2-1所示。

        pip install django==2.2.4

③ 卸载Django。如果要卸载Django框架,则可以在终端提示符下输入下面命令完成:

        pip uninstall Django

实训图 2-1 Django 安装

（2）创建 Django 项目

首先在 D 盘根目录下创建 PythonWEB 文件夹，然后启动 VS Code，然后打开 PythonWEB 文件夹，然后新建终端，如实训图 2-2 所示。

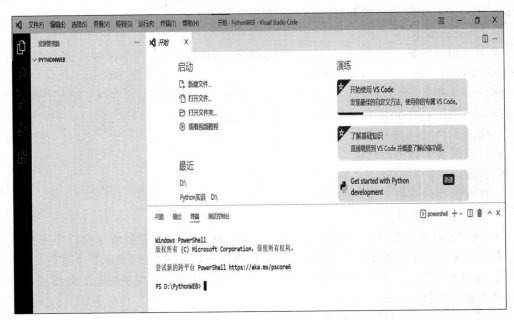

实训图 2-2 打开 PythonWEB 文件夹

① 创建项目。创建文件夹之后，可以使用命令：cd PythonWEB，回车后进入 Python-WEB 文件夹，接下来在终端提示符下使用命令 django-admin startproject 来创建项目。

django-admin startprojectMyWelcome

创建项目命令输入如实训图 2-3 所示，请认真观察其变化。

创建项目 MyWelcome 后，请认真观察项目文件目录结构，如实训图 2-4 所示。

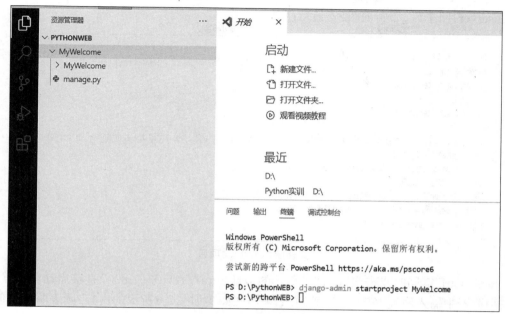

实训图2-3　创建项目

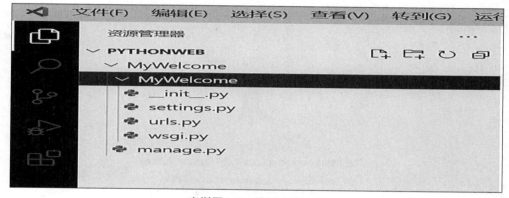

实训图2-4　项目目录结构

② 项目结构。

• __init__.py：标识文件，可以是个空文件。主要用来表明当前该文件所在的文件夹是一个Python包，在这里的作用是声明welcome子文件夹为一个独立的模块。

• settings.py：整个项目的全局配置文件。各种应用、资源路径、模板等配置均在此文件中设置。

• urls.py：网络访问的页面映射文件。创建的Web项目下所有的页面路由都需要在该文件中配置，否则在访问的时候会找不到对应的页面。

• wsgi.py：全称是web server gateway interface，即网络服务器的网关接口。在这里是指Python应用与Web服务器交互的接口，一般不需要做任何修改。

项目创建完成后可以直接启动项目来查看项目是否创建成功。在终端下输入命令cd MyWelcome，回车后切换至当前的项目文件夹MyWelcome。然后输入命令python manage.

py runserver,回车后,如实训图2-5所示。

```
PS D:\PythonWEB\mywelcome> python manage.py runserver
Watching for file changes with StatReloader
Performing system checks...

System check identified no issues (0 silenced).

You have 17 unapplied migration(s). Your project may not work properly until you apply the migrations for app(s): admin,
auth, contenttypes, sessions.
Run 'python manage.py migrate' to apply them.
March 12, 2022 - 16:59:23
Django version 2.2.4, using settings 'MyWelcome.settings'
Starting development server at http://127.0.0.1:8000/
Quit the server with CTRL-BREAK.
```

实训图2-5　启动项目

按住"Ctrl"键同时点击实训图2-5所示的地址http://127.0.0.1:8000直接启动浏览器,或者在浏览器中输入网址127.0.0.1:8000,如果出现如实训图2-6所示的内容,则表明项目创建完成。

实训图2-6　项目创建完成

最后可以在终端中通过按"Ctrl+C"组合键关闭当前运行的项目。

(3) 创建应用

① 项目和应用的区别:

• 一个Django项目中包含一组配置(这里指与项目同名的子文件夹)和若干个Django应用。

• 一个Django应用就是一个可重用的Python包,实现一定的功能。

• 一个Django项目可以包含多个Django应用。

• 一个Django应用也可以被包含到多个Django项目中,因为Django应用是可重用的Python包。

在创建上述Django项目后,接着创建一个名叫MyFirstApp的应用,命令如下:

　　　　python manage.py startappMyFirstApp

观察项目目录结果的变化，如实训图2-7所示。

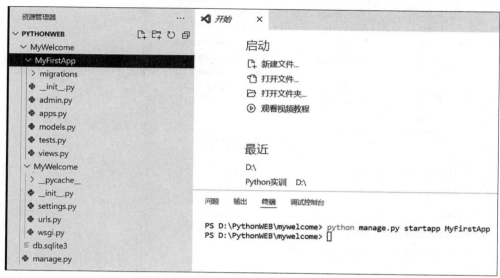

实训图2-7　创建应用后的目录结果

② 应用项目目录结构。

目录结构中有几个文件，这些文件的含义和作用介绍如下：

• __init__.py：标识文件，可以是个空文件，用来表明当前创建的FirstApp文件夹是一个Python模块。

• admin.py：管理员配置文件，主要是用来注册一些数据库中的模型到后台管理模块中。

• apps.py：应用的配置文件，一般情况下不需要修改。

• models.py：数据库文件，用来管理数据库中的模型数据。

• tests.py：测试文件，在这里可以对应用做一些测试。

• views.py：视图文件，定义了每个访问/路由的处理函数。

• migrations：数据库迁移文件夹，存储执行数据库迁移的时候会产生一些中间结果。

③ 应用添加到项目中。在创建完应用MyFirstApp之后，需要将其添加到项目中，首先从打开的MyWelcome子文件夹中的settings.py文件中找到INSTALLED_APPS字段，然后在该字段末尾添加一行代码将应用包含进来即可。如实训图2-8所示，最后一行"MyFirstApp"即为用户自行添加的代码，其余代码结构不要做任何修改。

（4）制作访问页面

① 创建页面文件index.html。首先在创建的MyFirstApp应用下创建一个templates文件夹用来存放网站页面。在MyFirstApp文件夹上右击，选择New Folder命令，将新建文件夹命名为templates（注意Django项目会自动寻找templates文件夹下的页面资源，所以该文件夹不要写错），然后右键新建文件，命名为index.html，index.html文件源码如下：

```
31      # Application definition
32
33    INSTALLED_APPS = [
34        'django.contrib.admin',
35        'django.contrib.auth',
36        'django.contrib.contenttypes',
37        'django.contrib.sessions',
38        'django.contrib.messages',
39        'django.contrib.staticfiles',
40        'MyFirstApp',#自己添加的应用程序
41    ]
```

实训图 2-8　添加应用

```
<!DOCTYPE html>
<html lang="zh-CN">
<head>
<meta charset="utf-8" />
<title>我的第一个页面</title>
</head>
<body>
<h1>热烈欢迎来青岛科技大学！</h1>
</body>
</html>
```

通过菜单选项或者"Ctrl＋S"命令保存该文件。

② 编写视图处理函数。熟悉项目结构，下面归纳一下 Python Web 访问的基本流程。

· 用户在浏览器中输入网址(http://127.0.0.1:8000)访问 MyWelcome 网站。

· 服务器收到浏览器发来的访问请求，解析请求后根据 urls.py 文件中定义好的路由，在 views.py 文件中找到对应的访问处理函数。

· 访问处理函数开始处理请求，然后返回用户想要浏览的网页内容。

打开 MyFirstApp 应用下的 views.py 文件，编辑下列代码：

```
from django.shortcuts import render
#Create your views here.
def home(request):     #新增的代码
    return render(request,'index.html')     #指定要访问的网页 index.html
```

其中，render()是 Django 提供的页面渲染函数，自定义函数 home()收到请求后返回 index.html 页面内容。

③ 配置访问路由 URL。URL 是 Web 服务的入口，用户通过浏览器发送过来的任何请求，都是要发送到一个指定的 URL 网址，然后访问被响应。在 Django 项目中编写路由，就是向外展示 Web 接收哪些 URL 对应的网络请求，除此之外的任何 URL 均不会被系统处理，也没有任何返回。

在 MyWelcome 子文件夹下的 urls.py 文件用来绑定每个访问请求对应的处理函数。其

代码如下：

```
from django.contrib import admin
from django.urls import path
from MyFirstApp.views import home      #新增的代码
urlpatterns=[
path('admin/', admin.site.urls),
    path('',home, name='home'),       #新增的代码
]
```

在上述代码框架中，增加两行代码，绑定对应的处理函数，其中，urlpatterns即为访问路由的字段。另外，上述所有文件修改后均需要保存一下。

（5）Web的启动、关闭

经过上述步骤之后，已经基本完成第一个Python Web项目创建。在终端下输入下面命令启动项目，如实训图2-9所示。启动命令：

```
python manage.py runserver [回车]
```

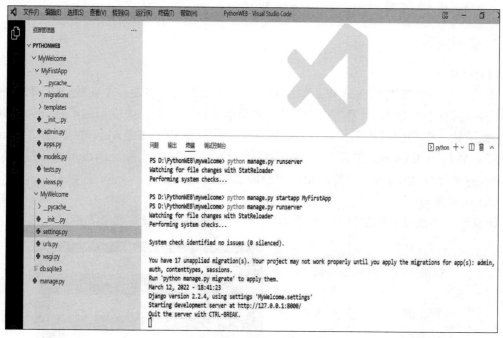

实训图2-9 Web的启动

如果路径不对，启动会失败，判断路径是否正确，要看当前路径下是否有manage.py文件。如本项目为MyWelcome，所以当前文件夹必须指向MyWelcome。可以使用cd MyWelcome改变当前文件夹。

默认启动页面网址为"127.0.0.1:8000"，启动成功后即可采用浏览器进行访问。但是这种方式每次启动都需要在终端中输入命令，所以这种启动方式很繁琐。默认页面启动后页面显示如实训图2-10所示。

实训图 2-10　Web 运行界面

可以在终端中按"Ctrl＋C"组合键关闭 Web 应用。

附：一些 DOS 命令（终端控制台命令）说明如下：

- cls　　　　　清屏；
- cd\文件夹　切换至根目录下第一级文件夹；
- cd 文件夹　切换到当前文件夹下的子文件夹；
- cd\　　　　返回到根目录；
- cd..　　　　返回上一级文件夹；
- md 文件夹　在当前目录下建立子文件夹。

3. 实训内容

（1）项目

该项目是一个基于 Python Web 的应用程序，主要功能是实现一个在线计算器，在输入框中输入计算式子，单击"计算"按钮可以在输出框中输出结果。前端采用了 Bootstrap 进行制作，提供输入框和按钮让用户进行信息输入然后将计算式子通过 Ajax 方式传输给后台进行计算。后台采用 Django 进行开发，获取到前端发送的数据后利用 Python 的子进程模块 subprocess 来计算式子，并将计算结果返回给前端进行显示。

（2）项目界面

计算器的界面没有固定格式，如实训图 2-11 所示的界面仅仅是参考界面。

公式计算				32/4+52*63.5			
结果				3310.0			
7	8	9	＋	7	8	9	＋
4	5	6	×	4	5	6	×
1	2	3	－	1	2	3	－
0	00	.	＋	0	00	.	＋
清空	计算			清空	计算		

实训图 2-11　项目界面

4. 实训过程

（1）创建项目

启动VS Code，先创建一个文件夹，选择（打开该文件夹），然后在命令行工具cmd或者VS Code的终端，菜单"终端"下输入命令创建一个名为compute的项目：

① 创建文件夹Python实训。

② 在"Python实训"文件夹下创建项目compute。

```
Django-admin startproject compute
```

③ 创建应用。在终端中使用cd命令切换到项目工作目录下（manage.py文件所在目录），并且输入命令创建一个名为myapp的应用。

```
cd compute        #切换文件夹
Python manage.py startapp myapp        #创建应用
```

计算器项目和应用文件目录结果如实训图2-12所示。

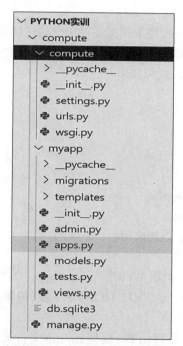

实训图2-12　计算器项目目录结果

④ 启动项目运行，检验项目是否正确运行。

（2）配置并访问页面

完成项目创建后，需要设置页面访问的基本流程，具体过程包括下面几个步骤：

① 用户输入网址请求访问页面，例如，输入http://127.0.0.1:8000/。

② 后端服务器收到请求后开始解析网址，根据路由配置文件urls.py中定义的路由，将网址映射到指定的视图处理函数home上。

③ home函数处理请求并返回请求的页面内容index.html。

根据上述流程,首先在myapp文件夹下创建一个templates子文件夹,在该文件夹下创建index.html文件,编辑该文件,代码如下:

```html
<!DOCTYPE html>
<html>
<head>
<meta charset="utf-8">
<title>在线计算器</title>
</head>
<body>
<h1>各位同学请制作一款在线计算器! </h1>
</body>
```

创建文件完成后,保存index.html文件。

上述HTML文件代码比较简单,仅通过<h1>标签在页面中输出一行标题文字,目的是方便测试接下来的相关功能。

为了能够访问index.html页面,接下来需要对用户的访问请求进行路由配置。首先需要将App导入项目中。打开项目配置文件夹compute下的settings.py文件,找到INSTALLED_APPS字段,将创建的App应用添加进来,代码如下:

```python
INSTALLED_APPS=[
    'django.contrib.admin',
    'django.contrib.auth',
    'django.contrib.contenttypes',
    'django.contrib.sessions',
    'django.contrib.messages',
    'django.contrib.staticfiles',
    'myapp',        #在此处添加应用
]
```

最后一行即为添加的代码,说明Web应用为myapp。另外,为了后期项目部署和访问方便,需要开放访问权限,找到ALLOWED_HOSTS字段,编辑该行代码如下:

```python
ALLOWED_HOSTS=['*',]
```

其次,需要配置一下视图处理函数,编辑myapp文件夹下的views.py文件,代码修改如下:

```python
from django.shortcuts import render
#Create your views here.
def home(request):
    return render(request,'index.html');
```

接下来配置访问路由即可以实现访问,编辑配置文件compute中的urls.py文件,代码如下:

```python
from django.contrib import admin
```

```
from django.urls import path
from app.views import home        #导入首页对应的处理函数
urlpatterns=[
path('admin/', admin.site.urls),
    path("",home,name='home'),        #添加首页路由
    ]
```

上述代码首先导入myapp应用下的views模块,然后通过配置urlpatterns字段将根访问路径(即默认的http://127.0.0.1:8000)和home()函数进行绑定。

最后在命令行cmd中输入下述命令启动项目:

```
cd compute   #选择项目文件夹
pythonmanage.py runserver
```

通过浏览器查看运行结果,如实训图2-13所示。

实训图2-13　浏览器显示页面

在终端提示符下按"Ctrl+C"组合键可以停止项目的运行。至此,该项目的前期准备工作结束,下一步继续进行计算器的后续设计与开发。

(3) Bootstrap前端框架

Bootstrap是一款优秀的前端库,通过使用该前端库可以方便快速地定制出美观的界面。可从其官网(https://v3.bootcss.com/getting-started/#download)下载相关文件。

这里重点阐述在Django中如何使用Bootstrap,其中关键点在于Django静态资源的配置。在官网中下载源代码后解压缩,找到其中的dist文件夹,该文件夹下有三个子文件夹:css,fonts和js。这三个子文件夹即为需要导入的前端配置文件。

① 在compute项目的myapp文件夹下创建一个名为static的子文件夹,然后将Bootstrap中的css,fonts和js三个子文件夹复制到static文件夹下面。另外,在static文件夹下建立一个名为img的子文件夹用于存放静态图片。

② 至此,计算器compute项目的整体目录结构已经设计完成,VS Code主界面的右侧图是整体的目录结构。

③ 注意文件夹下compute下还有一个子文件夹compute。

由于创建的在线计算器项目需要采用Ajax发送数据,一种比较简单的方式就是导入jQuery组件来支持Ajax的通信。

　　jQuery 是一个快速、简洁的 JavaScript 框架,也是一个优秀的 JavaScript 代码库。jQuery 提倡使用较少的代码来做更多的事情,并且它封装了 JavaScript 常用的功能代码,提供了一种简便的 JavaScript 设计模式,大大优化了页面 HTML 的文档操作、功能处理、动画设计和 Ajax 交互。

　　jQuery 组件可以从外部引用,也可以从本地引用,这里推荐本地引用方式,从 Bootstrap 官网的案例上可以找到当前 Bootstrap 版本的 jQuery 引用网址。

　　例如,Bootstrap 3.3.7 版本对应的 jQuery 地址为 https://cdn.jsdeliver.net/npm/jquery@1.12.4/dist/jquery.min.js。

　　在浏览器中打开该网址,然后按"Ctrl+S"组合键进行保存文档,保存为 jquery.min.js 文件(static 文件夹下的 js 文件夹中)。

　　jQuery 组件的使用:只要在 HTML 文件中引用该 js 文件即可以使用 jQuery 组件。

　　进一步修改 index.html 文件内容,代码如下:

```
{% load staticfiles %}
<!DOCTYPE html>
<html>
<head>
<meta charset="utf-8">
<meta http-equiv="X-UA-Compatible" content="IE=edge">
<meta name="viewport" content="width=device-width, initial-scale=1">
<title>在线计算器</title>
<link rel="stylesheet" href="{% static 'css/bootstrap.min.css' %}" />
<link rel="stylesheet" href="{% static 'css/style.css' %}" />
<script src="{% static 'js/jquery.min.js' %}"></script>
<script src="{% static 'js/bootstrap.min.js' %}"></script>
</head>
<body>
<button type="button" class="btnbtn-success btn-lg btn_clear"
    id="lgbut_clear" onclick="fun_clear()">清空</button>
<button type="button" class="btnbtn-primary btn-lg" id="lgbut_compute">计算</button>
</body>
</html>
```

　　其中<script src="{% static'js/jquery.min.js' %}"></script>引用了 js,则可以在页面中使用 jQuery 组件了。

　　(4) 前端页面设计和交互

　　① 前端页面制作。本实训的在线计算器前端界面即为前端,其页面设计并不复杂,对照实训图 2-11 的演示效果可以看到,共包括:

　　• 2 个文本框组件:1 个用于显示计算公式,1 个用于显示计算结果。

- 6 个公式编辑按钮, 包含数字、小数点和加减乘除等。
- 2 个逻辑按钮: 1 个用于清空文本框内容, 1 个用于执行公式计算。

下面继续完善 index.html 文件<body>部分, 参考代码如下:

```
{% load staticfiles %}
<!DOCTYPE html>
<html>
<head>
<meta charset="utf-8">
<meta http-equiv="X-UA-Compatible" content="IE=edge">
<meta name="viewport" content="width=device-width, initial-scale=1">
<title>在线计算器</title>
<link rel="stylesheet" href="{% static 'css/bootstrap.min.css' %}" />
<link rel="stylesheet" href="{% static 'css/style.css' %}" />
<script src="{% static 'js/jquery.min.js' %}"></script>
<script src="{% static 'js/bootstrap.min.js' %}"></script>
</head>
<body>
<div class="container-fluid">
<div class="row">
<div class="col-xs-1 col-sm-4"></div>
<div id="computer" class="col-xs-10 col-sm-6">
<input type="text" id="txt_code" name="txt_code" value="" class="form
        -control input_show" placeholder="公式计算" disabled />
<input type="text" id="txt_result" name="txt_result" value="" class="form
        -control input_show" placeholder="结果" disabled />
<br />
<div>
<button type="button" class="btnbtn-default btn_num" onclick="fun_7
        ()">7</button>
<button type="button" class="btnbtn-default btn_num" onclick="fun_8()">8</button>
<button type="button" class="btnbtn-default btn_num" onclick=
"fun_9()">9</button>
<button type="button" class="btnbtn-default btn_num" onclick=
"fun_div()"> ÷</button>
<br />
<button type="button" class="btnbtn-default btn_num" onclick=
"fun_4()">4</button>
<button type="button" class="btnbtn-default btn_num" onclick=
```

```
"fun_5()">5</button>
<button type="button" class="btnbtn-default btn_num" onclick=
"fun_6()">6</button>
<button type="button" class="btnbtn-default btn_num" onclick=
"fun_mul()">x</button>
<br />
<button type="button" class="btnbtn-default btn_num" onclick=
"fun_1()">1</button>
<button type="button" class="btnbtn-default btn_num" onclick=
"fun_2()">2</button>
<button type="button" class="btnbtn-default btn_num" onclick=
"fun_3()">3</button>
<button type="button" class="btnbtn-default btn_num" onclick=
"fun_sub()">-</button>
<br />
<button type="button" class="btnbtn-default btn_num" onclick=
"fun_0()">0</button>
<button type="button" class="btnbtn-default btn_num" onclick=
"fun_00()">00</button>
<button type="button" class="btnbtn-default btn_num" onclick=
"fun_dot()">.</button>
<button type="button" class="btnbtn-default btn_num" onclick=
"fun_add()">+</button>
</div>
<div>
<br />
<button type="button" class="btnbtn-success btn-lg btn_clear" id="lgbut_clear" onclick
="fun_clear()">清空</button>
<button type="button" class="btnbtn-primary btn-lg" id="lgbut
_compute"
>计算</button>
</div>
</div>
<div class="col-xs-1 col-sm-2"></div>
</div>
</div>
<div class="extendContent"></div>
</body>
</html>
```

上述代码中,通过Bootstrap的container容器对页面内容进行分配,将整个网页内容划分为若干个网格。另外,通过编辑css文件夹中的style.css文件(需要预先创建),设置页面整体背景,运行观察页面效果。

② 逻辑功能实现。在前端页面布局和背景设置等任务完成之后,接着是实现页面按钮的逻辑功能。在线Web计算器前端页面的逻辑功能可以分为两个部分。

第一个部分:单击数字按钮逻辑,在页面<body>尾端添加JavaScript代码来实现。为每一个按钮定义了一个函数。参考代码如下:

```
<script>
    var x=document.getElementById("txt_code");
    var y=document.getElementById("txt_result");
    function fun_7() {
x.value +='7';
    }
    function fun_8() {
x.value +='8';
    }
    function fun_9() {
x.value +='9';
    }
    function fun_div() {
x.value +='/';
    }
    function fun_4() {
x.value +='4';
    }
    function fun_5() {
x.value +='5';
    }
    function fun_6() {
x.value +='6';
    }
    function fun_mul() {
x.value +='*';
    }
    function fun_1() {
x.value +='1';
    }
    function fun_2() {
x.value +='2';
```

```
        }
    function fun_3( ) {
x.value +='3';
        }
    function fun_sub( ) {
x.value +='-';
        }
    function fun_0( ) {
x.value +='0';
        }
    function fun_00( ) {
x.value +='00';
        }
    function fun_dot( ) {
x.value +='.';
        }
    function fun_add( ) {
x.value +='+';
        }
    function fun_clear( ) {
x.value='';
y.value='';
        }
    </script>
```

第二部分："计算"按钮的业务逻辑,该按钮将"公示计算"文本框中的数据通过Ajax发送给后端服务器,然后接收后端服务器返回的结果。该逻辑代码也是在<body>尾端添加JavaScript代码。参考代码如下:

```
    <script>
        function ShowResult(data) {
            var y=document.getElementById('txt_result');
y.value=data['result'];
        }
    </script>
    <script>
        $('#lgbut_compute').click(function ( ) {
    $.ajax({
            url: '/compute/', // 调用django服务器计算公式
            type: 'POST',    // 请求类型
            data: {
```

```
                    'code': $('#txt_code').val() // 获取文本框中的公式
                },
            dataType: 'json',  // 期望获得的响应类型为json
                success: ShowResult // 在请求成功之后调用该回调函数输出结果
            })
        })
    </script>
```

（5）开发后端计算模块

上述介绍的是前端HTML文件的创建和前端界面的完善，下面介绍基于Python的后端部分的开发。

后端除了前面已经创建的首页home()函数外，还需要处理前端发送过来的计算公式，由Python模块执行相关计算后，将计算结果以JSON字符串形式返回给前端。因此，首先来编写执行计算的视图处理函数，编辑myapp文件夹中的views.py文件，添加如下代码：

```python
from django.shortcuts import render
import subprocess
from django.views.decorators.http import require_POST
from django.http import JsonResponse
from django.views.decorators.csrf import csrf_exempt
def run_code(code):
    try:
        code='print(' + code + ')'
        output=subprocess.check_output(['python', '-c', code],
universal_newlines=True,
                                stderr=subprocess.STDOUT,
                                timeout=30)
    except subprocess.CalledProcessError as e:
        output='公式输入有误'
    return output
@csrf_exempt
@require_POST
def compute(request):
    code=request.POST.get('code')
    result=run_code(code)
    return JsonResponse(data={'result': result})
```

最后，需要对访问路由urls进行配置，编辑compute中urls.py文件，在urlpatterns字段中添加diamagnetic，具体代码如下：

```python
from django.contrib import admin
from django.urls import path
from app.views import home, compute
```

```
urlpatterns=[
path('admin/', admin.site.urls),
path('', home, name='home'),        #首页路由
path('compute/', compute, name='compute'),        #添加针对公式计算compute的路由
]
```

    至此,前端和后端的设计与代码编写均已完成,可以运行项目观看显示界面,输入数据执行计算操作,检查运算结果是否正确,不断完善和改进,最终完成本项目的任务。另外本实训为教师提供了完整项目的参考程序。

第4部分 习   题

第1章 Python 概 述

一、填空题

1. _____年 Python 1.0 版本正式发布。

2. Python 是一种面向_____程序设计语言。

3. Python 常用的科学计算扩展库有:NumPy、_____(填写英文字母)和 Matplotlib。

4. Python 程序文件扩展名主要有_____(填写英文字母)和 pyw 两种,其中后者常用于 GUI 程序。

5. Python 源代码程序编译后的文件扩展名为_____。

6. Python 安装扩展库常用的是_____工具。

7. Python 中所有界定符号与标点符号都必须是英文_____符号。

8. IDLE 有两种编程方式:一种是命令行方式,另外一种是代码_____方式。

9. Python 程序中冒号后回车会自动在下一行缩进,一般自动缩进_____个空格。

10. Python 有_____种注释方式。

11. 学习 Python 基础可以在 IDLE 的_____模式下输入命令或者编写程序,不需要保存直接执行。

12. Python 使用标准库中的模块需要先导入该标准库,导入用的关键字是_____。

二、判断题

(   )1. 1989 年 Python 编译器正式公开发行。

(   )2. Python 能把其他语言制作的各种模块(尤其是 C/C++)很轻松地联结在一起,因此被昵称为胶水语言。

(   )3. Python 既支持面向过程编程,也支持面向对象编程。

(   )4. 在 IDLE 命令行操作中,语句之前不要留下空格,否则会报错。

(   )5. Python 有两种注释方式,#是单行注释,而双引号常用于说明文字较多的文本注释。

（　　）6. Python是一种跨平台、开源、免费的高级动态编程语言。

（　　）7. 为了让代码更加紧凑，编写Python程序时应尽量避免加入空格和空行。

（　　）8. 只有Python扩展库需要导入以后才能使用其中的对象，Python标准库不需要导入即可使用其中的所有对象和方法。

（　　）9. 在Windows平台上编写的Python程序无法在Unix平台运行。

（　　）10. pip命令也支持扩展名为.whl的文件直接安装Python扩展库。

（　　）11. Python有自带的httplib、urllib及Requests-BeautifulSoup等相关的爬虫基础库，可快速构建爬虫程序，实现对网页数据的自动解析和爬取。

（　　）12. Python Web框架Django，能够快速地搭建可用的Web服务。

第2章　Python语言基础

一、填空题

1. 一般来说，Python对象可以划分为两大类，即内置对象和_____对象。

2. 元组的最外边界定符是小括号，元素之间用_____（填写中文）分隔。

3. 元组的最外边界定符是_____（填写中文），元素之间用逗号分隔。

4. Python中关键字None表示的含义是_____。

5. 以3为实部4为虚部，Python复数的表达形式为_____。

6. 已知x＝3，那么执行语句x＋＝6之后，x的值为_____。

7. 表达式[1,2,3]*3的执行结果为_____。

8. 表达式int(4**0.5)的值为_____。

9. Python内置函数_____用来返回数值型序列中所有元素之和。

10. 表达式list(range(50,60,3))的值为_____。

11. －7//3的结果是_____。

12. 布尔类型的值包括True和_____。

13. 在Python中**运算与内置函数_____等价。

14. 查看变量类型的内置函数是_____。

15. _____函数可以查看指定模块或/和函数的帮助文档。

16. Python中用来计算平方根的函数sqrt()属于标准库_____（填写英文字母）。

二、判断题

（　　）1. 对象是面向对象程序设计语言的要素之一，也是Python中最基本的概念。

（　　）2. Python采用的是基于值的自动内存管理方式。

（　　）3. Python不允许使用关键字作为变量名。

（　　）4. Python变量名必须以字母或下划线开头，并且区分字母大小写。

（　　）5. 加法运算符可以用来连接字符串并生成新字符串。

（　　）6. 运算符"－"可以用于集合的差集运算。

（　　）7. 在 Python 中 0oa1 是合法的八进制数值表示形式。

（　　）8. 在 Python 中可以使用 id 作为变量名。

（　　）9. Python 关键字不可以作为变量名。

（　　）10. Python 主要关键字有 33 个。

（　　）11. 当要查找列表中的元素时，可以使用运算符 in 来判断元素是否存在。

（　　）12. 在 Python 中逻辑等于运算符是"＝"。

三、编程题

1. 编写程序计算圆的面积。

【参考代码】

```
import math
r＝eval(input("请输入圆的半径:"))
area＝math.pi*r*r
print("半径为:"+str(r)+"的圆的面积为:",area)
```

2. 随机生成 10 个 100 以内的整数列表，然后按照从小到大排序（请使用内置函数实现）。

【参考代码】

```
import random
x＝[random.randint(0,100) for i in range(10)]
print("排序前:",x)
x＝sorted(x)
print("排序后:",x)
```

第 3 章　　Python 序 列

一、填空题

1. Python 中序列可以划分为可变序列和_____序列。

2. 列表的正索引是从_____开始的。

3. 列表对象中添加元素方法的共同特点是"_____"。

4. _____方法只用于清空列表对象中所有元素，并返回的是空列表。

5. 列表的拷贝可以划分为赋值、_____和深拷贝三种情况。

6. 列表和元组都支持使用_____向索引访问元素。

7. 字典中每个元素的"键"与"值"之间使用_____（填写中文）分隔开。

8. 字典元素的修改可以通过键定位修改对应的值，也可以通过_____（填写英文）方法修改字典元素的值。

9. 把多个值赋给一个变量时，Python 会自动地把多个值封装成元组，称为_____。

10. 可以使用集合对象的四种方法删除集合元素，分别是：_____方法、remove()方法、discard()方法和 clear()方法。

11. 使用运算符测试集合包含关系,集合 A 是否为集合 B 的真子集的表达式可以写作
_____。

12. Python 内置函数_____(填写英文)用来返回序列中的最大元素。

13. Python 序列中的可变数据类型有列表和字典,不可变数据类型有字符串、数字和
_____(填写中文)。

14. 列表的_____指的是列表的元素又是一个列表。

15. 假设 my_list=["a","b","c","d","e","f","g"],那么 my_list[3:5]获取的结果是_____。

16. 如果不确定字典中是否存在某个键而获取它的值时,则可以使用_____(填写英
文字母)方法进行访问。

二、判断题

(　　　)1. del()方法用于清空列表对象中所有元素,但没有删除该列表,返回的是空
列表。

(　　　)2. Python 集合中的元素不允许重复。

(　　　)3. Python 字典中的"键"不允许重复。

(　　　)4. 元组定义后,不支持 del 命令删除某个元素,但可以使用 del 命令删除整个元组
对象。

(　　　)5. 在 Python 3.5 中运算符"+"不仅可以实现数值的相加、字符串连接,还可以实
现列表、元组的合并和集合的并集运算。

(　　　)6. 已知 x 为非空列表,那么 x.sort(reverse=True)和 x.reverse()的作用是等价的。

(　　　)7. Python 列表中所有元素必须为相同类型的数据。

(　　　)8. 列表对象的 append()方法属于原地操作,用于在列表尾部追加一个元素。

(　　　)9. 假设 x 为列表对象,那么 x.pop()和 x.pop(-1)的作用是一样的。

(　　　)10. 只能对列表进行切片操作,不能对元组和字符串进行切片操作。

(　　　)11. 可以使用 del 命令一次性删除集合中的部分元素。

(　　　)12. 已知 x 为非空列表,那么执行语句 x[0]=3 之后,列表对象 x 的内存地址不变。

三、编程题

1. 随机生成 10 个 100 以内的整数列表,然后将列表内容逆序后显示。

【参考代码】

```
import random
x=[random.randint(0,100) for i in range(10)]
print("原列表:",x)
x=list(reversed(x))
print("逆序后列表:",x)
```

2. 假设 demo_dict={"Name":"Zara","Age":7},编写一段程序来遍历字典 demo_dict 的所
有键值对。

【参考代码】

```
demo_dict={"Name":"Zara","Age":7}
for key,value in demo_dict.items():
```

```
print("key=%s,value=%s"%(key,value))
```

第4章　Python程序结构

一、填空题

1.Python程序控制结构有三种:顺序结构、选择结构和_____结构。

2.循环结构中使用_____语句可以结束本层循环。

3.在循环体中可以使用_____(填写英文字母)语句跳出本次循环,重新开始下一次循环。

4.分支_____是指在if结构里包含if结构。

5.Python提供了两种基本的循环结构,分别是for循环和_____循环。

6.elif语句必须和_____语句一起使用,否则会出错。

7.循环结构中条件表达式的逻辑值为_____(填写英文字母)时,将出现无限循环情况。

8.Python中的_____表示的是空操作语句。

二、判断题

(　　)1.选择(分支)结构和循环结构需要通过判断条件表达式的值来确定下一步的执行路径(或流程)。

(　　)2.0 or 0.0等、空值None、空列表、空元组、空字符串等都与True等价。

(　　)3.在Python中,逻辑运算符有and、or、not。

(　　)4.Python有三种循环结构,分别是for循环、while循环和do循环。

(　　)5.多分支结构中,当条件满足时不再判断后面的条件,将执行语句块直到该结构结束。

(　　)6.如果循环次数预先可以确定一般使用for循环,while循环则是一般用于循环次数难以预先确定的场合。

(　　)7.带有else子句的循环结构,如果因为执行了break语句而退出的话,则会执行else子句中的代码。

(　　)8.如果仅仅是用于控制循环次数,那么使用for i in range(20)和for i in range(20,40)的作用是一样的。

三、程序分析题

1.求一个数的阶乘。

【程序代码】

```
s=____①____
n=int(input("输入一个整数:"))
n=abs(n)
i=1
```

```
    while n>=1:
        s=s* ____②____
        i=i+1
        n=n-1
    ____③____:
        print("数"+str(i-1)+"的阶乘=",s)
```

【程序分析】

请问while结构运行结束后,n的值为___④___。

【执行结果】

请问输入一个整数为5时,程序执行结果s的值是:___⑤___。

2. 输入10个数,统计输入正数的个数。

【程序代码】

```
    i=k= ____①____
    while i< ____②____:
        n=eval(input("输入第"+str(i+1)+"数="))
        i= ____③____ +1
        if n<=0:
            continue
        k=k+1
    print(k)
```

【程序分析】

请问程序运行后先输入-10,程序中的变量n=___④___,k=___⑤___。

四、编程题

1. 编写一个程序,用于统计字符串"ab2b3n5n2n67mm4n2"中字符n出现的次数。(要求:不能使用字符串方法)

【参考代码】

```
    word="ab2b3n5n2n67mm4n2"
    count=0
    for i in word:
        if i=="n":
            count+=1
    print(count)
```

2. 斐波那契数列Ⅱ,有一分数序列:2/1,3/2,5/3,8/5,13/8,21/13,…求出这个数列的前20项之和。

【参考代码】

```
    a=2.0
    b=1.0
    s=0
```

```
    for n in range(1,21):
        s+=a/b
        a,b=a+b,a
    print(s)
```

3.百钱买百鸡。现有100文钱,公鸡5文钱一只,母鸡3文钱一只,小鸡1文钱3只,要求:用100文钱买100只鸡,买的鸡是整数。请问可以买多少只公鸡,多少只母鸡,多少只小鸡?

【参考代码】

```
    i=0
    for x in range(0,21):
        for y in range(0,34):
            z=100-x-y
            if (x+y+z) and (5*x+3*y+z//3==100):
                i=i+1
                print("方案"+str(i)+":公鸡:",x,"母鸡:",y,"小鸡:",z)
```

4.编写程序,打印输出所有的"水仙花数"。所谓"水仙花数",就是指一个三位数,其各个位上的数字的立方之和正好等于该数字本身。

【参考代码】

```
    for i in range(100,1000):
        a=int(i/100)
        b=int(i/10)%10
        c=i%10
        if i==a**3+b**3+c**3:
            print(i)
```

第5章　Python　函　数

一、填空题

1.Python定义函数使用关键字是_____。

2.可以使用内置函数_____查看包含当前作用域内所有全局变量和值的字典。

3.如果函数中没有return语句,或者return语句不带任何返回值,那么该函数的返回值为_____。

4.表达式sorted([111,2,33],key=lambda x:len(str(x)))的值为_____。

5.在Python中函数可以分为内置函数、标准库函数、第三方库函数和_____函数。

6.在Python中函数可以分为_____(填写数字)类。

7.自定义函数中,_____参数是多个参数时,形参和实参按顺序一对一匹配。

8. 根据变量的作用域不同,一般分为两种变量类型:局部变量和_____变量。

二、判断题

(   )1. 函数是代码复用的一种方式。

(   )2. 定义Python函数时必须指定函数返回值类型。

(   )3. 调用函数时,在实参前面加一个"*"表示序列解包。

(   )4. Python扩展库需要导入后才能使用库中的所有对象和方法,标准库不需要导入即可直接使用。

(   )5. 一般情况下,自定义函数中形参是一个局部变量,而实参是一个全局变量。

(   )6. 不管return语句在函数哪个位置,一旦执行就直接结束函数的执行。

(   )7. 自定义函数调用的时候参数传递的先后顺序为:位置参数,参数默认值,单星号*可变长参数和双星号**可变长参数。

(   )8. Python变量使用前必须先声明,并且一旦声明就不能在当前作用域内改变其类型。

(   )9. 定义函数时,即使该函数不需要接收任何参数,也必须保留一对空的小括号来表示这是一个函数。

(   )10. 如果在函数中有语句return 3,那么该函数一定会返回整数3。

(   )11. 函数中必须包含return语句。

(   )12. 不同作用域中的同名变量之间互相不影响,也就是说,在不同的作用域内可以定义同名的变量。

三、编程题

1. 输入一段英文,使用列表输出这段英文中所有长度为3个字母的单词。

【参考代码】

```
import re
x=input("Please input a string:")
pattern=re.compile(r"\b[a-zA-Z]{3}\b")
print(pattern.findall(x))
```

2. 检测用户输入中是否有敏感字词(如非法、暴力),如果有就提示非法,否则提示正常。

【参考代码】

```
words=("非法","暴力")
text=input("请输入要检测内容:")
for word in words:
  if word in text:
    print("非法")
    break
  else:
    print("正常")
break
```

第6章　Python字符串

一、填空题

1. Python字符串类型的关键词是_____（填写英文字母）。

2. 在UTF-8中一个汉字编码需要占用_____（填写数字）个字节。

3. 表达式len("abc".ljust(20))的值为_____。

4. Python允许用_____（填写英文字母）表示内部的字符串默认不进行转义，只表示为原来的含义。

5. f-string中对齐格式控制符有左对齐、右对齐和_____对齐。

6. _____方法用来返回一个字符串在另一个字符串中出现的字数，如果不存在则返回0。

7. split()方法用指定字符为分隔符，其默认分隔符为_____（填写中文）。

8. _____方法转换字符串中所有大写字符为小写。

二、判断题

（　　）1. Python字符串属于可变有序序列。

（　　）2. ASCII码采用2个字节对字符进行编码。

（　　）3. 对字符串信息进行编码后，必须使用同样的或者兼容的编码格式进行解码才能还原本来的信息。

（　　）4. Python的字符串方法replace()可以对字符串进行原地修改。

（　　）5. 已知x和y是两个字符串，那么表达式sum((1 for i,j in zip(x,y) if i==j))可以用来计算两个字符串中对应位置字符相等的个数。

（　　）6. split()方法用指定字符为分隔符，其默认分隔符为空格。

（　　）7. 在Python中最常用的字符串编码格式有GBK和UTF-8两种。

（　　）8. f-string中格式描述符"-"作用是数字符号中负数前加负号，正数前加正号。

三、编程题

1. 编写函数，接收一个字符串，分别统计大写字母、小写字母、数字和其他字符的个数，并以元组的形式返回结果。

【参考代码】

```
def demo(v):
    capital=little=digit=other=0
    for i in v:
        if "A"<=i<="Z"
            capital+=1
        elif"a"<=i<="z":
            little+=1
```

```
        elif"0"<=i<="9":
             digit+=1
          else:
             other+=1
       return (capital,little,digit,other)
    #函数测试部分(非评分内容)
    demo(1,2,3,4,5)
    x="capital=little=digit=other=0"
    print(demo(x))
```

2. 编写函数,实现Python内置函数sorted()的功能。

【参考代码】

```
    def Sorted(v):
       t=v[::]
       r=[]
       while t:
       tt=min(t)
       r.append(tt)
       t.remove(tt)
       return r
    #函数测试部分(非评分内容)
    a=list(range(11,0,-1))
    print(Sorted(a))
```

第7章   正则表达式

一、填空题

1. 在设计正则表达式时,字符_____紧随其他限定符(*、+、?、{n}、{n,}、{n,m})之后时,匹配模式是"非贪心的",匹配搜索到尽可能短的字符串。

2. 假设正则表达式模块 re 已导入,那么表达式 re. sub ('\d+', '1', 'a12345bbbb67c890d0e')的值为_____。

3. 正则表达式元字符_____用来表示该符号前面的字符或子模式出现1次或多次。

4. 正则表达式模块re的_____方法用来编译正则表达式对象。

5. 正则表达式模块re的_____方法用来在字符串开始处进行指定模式的匹配。

6. 正则表达式模块re的 _____ 方法用来在整个字符串中进行指定模式的匹配。

7. 表达式 re.search(r'\w*?(?P<f>\b\w+\b)\s+(?P=f)\w*?', 'Beautiful is is better than ugly.').group(0)的值为_____。

8. 假设正则表达式模块 re 已正确导入,那么表达式''.join(re.findall('\d+','abcd1234'))的值为_____。

9. 假设正则表达式模块 re 已正确导入,那么表达式 re.findall('\d+?','abcd1234')的值为_____。

10. 假设正则表达式模块 re 已正确导入,那么表达式 re.sub('(.\s)\\1+','\\1','a a aaa bb')的值为_____。

二、判断题

(　　)1. 正则表达式模块 re 的 match()方法是从字符串的开始匹配特定模式,而 search()方法是在整个字符串中寻找模式,这两个方法如果匹配成功则返回 match 对象,匹配失败则返回空值 None。

(　　)2. 正则表达式对象的 match()方法可以在字符串的指定位置开始进行指定模式的匹配。

(　　)3. 使用正则表达式对字符串进行分割时,可以指定多个分隔符,而字符串对象的 split()方法无法做到这一点。

(　　)4. 正则表达式元字符"ˆ"一般用来表示从字符串开始处进行匹配,用在一对中括号中的时候,则表示反向匹配,即不匹配中括号中的字符。

(　　)5. 正则表达式元字符"\s"用来匹配任意空白字符。

(　　)6. 正则表达式元字符"\d"用来匹配任意数字字符。

(　　)7. 假设 re 模块已成功导入,并有 pattern=re.compile('ˆ'+'\.'.join([r'\d{1,3}' for i in range(4)])+'$'),那么表达式 pattern.match('192.168.1.103')的值为 None。

(　　)8. 正则表达式'ˆhttp'只能匹配所有以'http'开头的字符串。

(　　)9. 正则表达式'ˆ\d{18}|\d{15}$'只能检查给定字符串是否为18位或15位数字字符,并不能保证一定是合法的身份证号。

(　　)10. 正则表达式元字符"*"用来表示该符号前面的字符或子模式出现0次或多次。

三、编程题

使用正则表达式提取字符串中的电话号码。(字符串:Suppose my Phone No. is 0532-88900001, yours is 022-80268028, his is 010-32899636)

【参考代码】

```
import re
text= "Suppose my Phone No. is 0532-88900001, yours is 022-80268028, his is 010-32899636."
#注意,下面的正则表达式中大括号内逗号后面不能有空格
matchResult=re.findall(r";(\d{3,4})-(\d{7,8}",text)
for item in matchResult:
    print(item[0],item[1],sep="-")
```

第8章 面向对象的程序设计

一、填空题

1. 类的继承是指在现有类的基础上构建一个新类,构建的新类称作子类,现有类称作_____。

2. 在Python中内置类_____(填写英文字母)可以用来生成字节串,也可以把指定对象转换为特定编码的字节串。

3. 在Python中,可以使用关键字_____来声明一个类。

4. 多继承就是子类拥有多个_____类。

5. 类是对某一类事物的抽象描述,_____是现实中该类事物的个体。

6. 当创建类的实例时,系统会自动调用_____方法。

7. 对于_____(填写中文)的类属性,在类的外部可以通过类对象和实例对象访问。

8. 在子类中重写的方法要和父类被重写的方法具有相同的方法名和_____列表。

9. 如果想要子类调用父类中被重写的部分,需要使用_____方法。

10. 使用cat=Cat( )创建对象后,如果想调用shout方法,可以通过代码_____实现。

11. 如果子类想按照自己的方式实现方法,可以对父类中继承来的方法进行_____。

12. 已知B类继承自A类,书写格式应该为_____。

13. 某个对象调用方法时,Python解释器会把这个对象作为第1个参数传给_____(填写英文字母)。

14. 面向对象程序设计中,把对象的属性和行为组织在同一个类模块内的机制叫作_____。

15. 当删除一个对象来释放类所占用资源的时候,Python解释器默认会调用_____方法。

16. 已知C类继承自A类和B类,在程序中的写法为_____。

17. Python提供的默认的构造方法是_____。

18. 在属性名的前面加上两个下划线后,属性变为_____(填写英文字母)属性。

二、判断题

( )1. 继承自threading.Thread类的派生类中不能有普通的成员方法。

( )2. 在派生类中可以通过"基类名.方法名( )"的方式来调用基类中的方法。

( )3. 在类定义的外部没有任何办法可以访问对象的私有成员。

( )4. 在Python中定义类时实例方法的第一个参数名称必须是self。

( )5. 在Python中定义类时实例方法的第一个参数名称不管是什么,都表示对象自身。

( )6. 定义类时所有实例方法的第一个参数用来表示对象本身,在类的外部通过对象名来调用实例方法时不需要为该参数传值。

（　　）7. 在面向对象程序设计中,函数和方法是完全一样的,都必须为所有参数进行传值。

（　　）8. 在设计派生类时,基类的私有成员默认是不会继承的。

（　　）9. 在 Python 中定义类时,运算符重载是通过重写特殊方法实现的。例如,在类中实现了__mul__()方法即可支持该类对象的**运算符。

（　　）10. 在 IDLE 交互模式下,一个下划线"_"表示解释器中最后一次显示的内容,或最后一次语句正确执行的输出结果。

（　　）11. 对于 Python 类中的私有成员,可以通过"对象名._类名__私有成员名"的方式来访问。

（　　）12. Python 支持多继承,如果父类中有相同的方法名,而在子类中调用时没有指定父类名,则 Python 解释器将从左向右按顺序进行搜索。

（　　）13. 定义类时如果实现了__contains__()方法,该类对象即可支持成员测试运算 in。

（　　）14. 定义类时如果实现了__len__()方法,该类对象即可支持内置函数 len()。

（　　）15. 定义类时实现了__eq__()方法,该类对象即可支持运算符==。

（　　）16. 如果在设计一个类时实现类__len__()方法,那么该类的对象会自动支持 Python 内置函数 len()。

三、编程题

定义一个学生类,具体要求如下:

1. 有如下属性:姓名、年龄、成绩(语文,数学,英语),其中每科成绩的类型为整数。

2. 有如下方法:

(1) 获取学生的姓名:get_name(),返回值类型为 str。

(2) 获取学生的年龄:get_age(),返回值类型为 int。

(3) 返回三门科目中的最高分:get_course(),返回值类型为 int。

3. 写好类以后,可以定义一个学生实例进行测试。

【参考代码】

```
class studnet():
    def __init__(self,name,age,score):
        self.name=name
        self.age=age
        self.score=score
    def get_name(self):
        return self.name
    def get_age(self):
        return self.age
    def get_course(self):
        return max(self.score)
    if __name__=="__main__":
```

```
zm＝studnet("zhangming",20,[69,88,100])
    print(zm.get_name())
    print(zm.get_age())
    print(zm.get_course())
```

第9章　文件与文件夹操作

一、填空题

1. 纯文本文件的扩展名为_____(填写英文字母)。

2. 按照数据的组织形式,在Python中通常把文件划分为两大类:二进制文件和_____文件。

3. _____(填写英文字母)结构可以自动管理与文件有关的系统资源,不管什么原因造成程序跳出该语句块(即使代码引发异常),均能够确保文件正常关闭。

4. _____(填写英文字母)模块提供了大量用于路径判断、切分、连接以及文件遍历的方法。

5. _____(填写英文简称)是一种轻量级的数据交换格式,在Python数据处理中得到广泛应用。

6. 文件作用域是_____(填写中文)作用域。

7. Python标准库os.path中用来判断指定文件是否存在的方法是_____。

二、判断题

(　　)1. 扩展库os中的方法remove()可以删除带有只读属性的文件。

(　　)2. 使用内置函数open()且以"w"模式打开的文件,文件指针默认指向文件尾。

(　　)3. 使用内置函数open()打开文件时,只要文件路径正确就可以打开。

(　　)4. 标准库os的rename()方法可以实现文件移动操作。

(　　)5. Python标准库os的函数remove()不能删除具有只读属性的文件。

(　　)6. 二进制文件不能使用记事本程序打开。

(　　)7. Python标准库os中的方法isfile()可以用来测试给定的路径是否为文件。

(　　)8. Python标准库os中的方法exists()可以用来测试给定路径的文件是否存在。

(　　)9. 使用pickle进行序列化得到的二进制文件使用struct也可以正确地进行反序列化。

(　　)10. Python标准库os的函数remove()不能删除具有只读属性的文件。

三、编程题

1. 编写程序,在D盘根目录下创建一个文本文件test.txt,并在文件中写入字符串hello world。

【参考代码】

```
fp＝open(r"D:\test.txt","a＋")
```

```
    print("hello world", file=fp)
    fp.close()
```

2. 编写程序, 将包含学生成绩的字典保存为二进制文件, 然后读取内容并显示。

【参考代码】

```
    import pickle
    score={"张三":98,"李四":90,"王五":100}
    with open("score.dat", "wb") as fp:
    pickle.dump(score, fp)
    with open"score.dat", "rb") as fp:
        result=pickle.load(fp)
    print(result)
```

Python 模拟题 1

一、单选题(15小题, 每题1分, 共15分)

1. _____年 Python 1.0 版本正式发布。

A. 1993　　　　　　　B. 1994　　　　　　　C. 1995　　　　　　　D. 1996

2. 元组的最外边界定符是_____。

A. 小括号　　　　　　B. 中括号　　　　　　C. 大括号　　　　　　D. 都不对

3. Python 中表示空值的关键字是_____。

A. No　　　　　　　　B. None　　　　　　　C. Flase　　　　　　　D. Unnum

4. Python 内置函数_____用来返回数值型序列中所有元素之和。

A. len()　　　　　　　B. count()　　　　　　C. int()　　　　　　　D. sum()

5. 已知 x=(3,), 那么表达式 x*3 的值为_____。

A.(3,3,3)　　　　　　B. (9,)　　　　　　　C. (9,9,9)　　　　　　D. (9,9)

6. _____方法只用于清空列表对象中所有元素, 并返回的是空列表。

A. remove()　　　　　B. del()　　　　　　　C. clear()　　　　　　D. pop()

7. 表达式{1,2,3,4}−{3,4,5,6}的值为_____。

A.{1,2}　　　　　　　B. {3,4}　　　　　　　C. {1,2,3}　　　　　　D. {1,2,3,4}

8. 已知 x=[1,2,3,4,5], 那么执行语句 del x[:3]之后, x 的值为_____。

A.[1,2,3]　　　　　　B. [4,5]　　　　　　　C. [1,4,5]　　　　　　D. [3]

9. 已知列表 x=[1,3,2], 那么执行语句 a,b,c=map(str,sorted(x))之后, c 的值为_____。

A. 4　　　　　　　　　B. "6"　　　　　　　　C. 5　　　　　　　　　D. "3"

10. 表达式 list(zip([1,2],[3,4]))的值为_____。

A.[(1,2),(2,4)]　　　　　　　　　　　　B.[(1,3),(1,4)]

C.[(1,3),(2,4)]　　　　　　　　　　　　D.[(1,3),(3,4)]

11.已知x＝{1,2,3},那么执行语句x.add(3)之后,x的值为_____。

A.{3}　　　　　　　　B.{4,5,6}　　　　　　　C.{3,3,3}　　　　　　　D.{1,2,3}

12._____结构是程序按照自上而下一条接着一条执行程序。

A.顺序　　　　　　　　B.设计　　　　　　　　C.选择　　　　　　　　D.循环

13.for i in range(3):print(i,end=″,″)的输出结果为_____。

A.0,1,2,　　　　　　　B.1,2,3,　　　　　　　C.0 1 2　　　　　　　D.1 2 3

14.在Pyhton中函数可以分为_____类。

A.1　　　　　　　　　B.2　　　　　　　　　C.3　　　　　　　　　D.4

15.Python字符串属于_____序列。

A.可变　　　　　　　　B.不可变　　　　　　　C.可知　　　　　　　　D.不可知

二、填空题(10小题,每题1分,共10分)

1.Python安装扩展库常用的是_____工具。

2.Python中所有界定符号与标点符号都必须是英文_____符号。

3.已知x＝3,那么执行语句x＋＝6之后,x的值为_____。

4.布尔类型的值包括True和_____。

5.列表的下标默认值是从_____开始的。

6.使用运算符测试集合包含关系,集合A是否为集合B的真子集的表达式可以写作_____。

7.Python程序控制结构有三种:顺序结构、_____结构和循环结构。

8.关系运算符常用的共有六个,分别是＞,＜,＞＝,＜＝,_____,!＝。

9.Python提供了两种基本的循环结构,分别是while循环和_____循环。

10.Python字符串类型的关键词是_____(填写英文字母)。

三、判断题(15小题,每题1分,共15分)

(　　)1.Python常用的科学计算扩展库:NumPy、SciPy和Turtle。

(　　)2.Python是一种面向实例程序设计语言。

(　　)3.Python不允许使用关键字作为变量名。

(　　)4.在Python中0xad是合法的十六进制数值表示形式。

(　　)5.del()方法用于清空列表对象中所有元素,但没有删除该列表,返回的是空列表。

(　　)6.把多个值赋给一个变量时,Python会自动地把多个值封装成元组,称为序列和包。

(　　)7.Python集合中的元素不允许重复。

(　　)8.Python中字典属于有序序列。

(　　)9.带有else子句的循环结构,如果是因为循环条件表达式不成立而结束循环,则执行else子句中的代码。

(　　)10.在循环中continue语句的作用是跳出当前层循环。

(　　)11.函数是代码复用的一种方式。

(　　)12.自定义Python函数时,如果函数中没有return语句,则默认返回值为None。

(　　)13.在GBK中一个汉字编码需要占用2个字节。

(　　)14.Python字符串方法replace()对字符串进行原地修改。

(　　)15. 纯文本文件习惯上的扩展名为 txt。

四、算法分析题(1 小题,每题 5 个空,共 5 个空,每个空 2 分,共 10 分)

已知三角形的三边长,利用海伦公式求三角形的面积。

【程序代码】

```
a＝float(input("输入边长 1:"))
b＝float(input("输入边长 2:"))
c＝float(input("输入边长 3:"))
if a＋b＞c and b＋c＞a and c＋a＞b:
    s＝(a＋b＋c)/2
    area＝(s*(s-a)*(s-b)*(s-c))____①____0.5
    print("三角形的面积＝%.2f"%____②____)
____③____:
    print("不能构成三角形")
```

【程序分析】

请问程序中使用的 if 结构是_____④_____(单/双/多)分支。

【运行结果】

输入边长 1:8

输入边长 2:10

输入边长 3:13

三角形的面积＝_____⑤_____

五、综合应用题部分(4 个题,共 50 分)

1.(算法题 10 分)编写一个程序,用于实现两个数的交换。

2.(算法题 10 分)登录验证信息:用户名是 admin,密码是 123456。如果该用户输入正确,则输出"身份验证成功";验证不正确时,则输出"身份验证失败"。

3.(应用题 15 分)编写一个简单的出租车计费程序,当输入行程的总里程时,输出乘客应付的车费(车费保留一位小数)。计费标准具体为起步价 10 元/3 千米,超过 3 千米,费用为 1.2 元/千米,超过 10 千米以后,费用为 1.5 元/千米。

4.(综合题 15 分)编写阶乘函数,求 $s＝1!＋3!＋5!＋7!＋9!$ 的值。

Python 模拟题 2

一、单选题(15 小题,每题 1 分,共 15 分)

1. 不是 Python 科学计算扩展库的是_____。

A. NumPy　　　　　　B. SciPy　　　　　　C. matplotlib　　　　　　D. Turtle

2. Python 中字符串定界符有_____种。

A. 1　　　　　　　　B. 2　　　　　　　　C. 3　　　　　　　　D. 4

3. 以3为实部4为虚部，Python复数的表达形式为_____。

A. 3+4i   B. 4+3i   C. 3+4j   D. 4+3j

4. 关键字 _____ 用于测试一个对象是否是一个可迭代对象的元素。

A. into   B. in   C. on   D. to

5. 已知x=(3,)，那么表达式x*3的值为_____。

A. (3,3,3)   B. (9,)   C. (9,9,9)   D. (9,9)

6. _____方法只用于清空列表对象中所有元素，并返回的空列表。

A. remove()   B. del()   C. clear()   D. pop()

7. 表达式(1,)+(2,)的值为_____。

A. (3)   B. (3,)   C. (1,2,)   D. (1,2)

8. 已知x=[3,7,5]，那么执行语句x.sort(reverse=True)之后，x的值为_____。

A. [3,5,7]   B. [5,7,3]   C. [3,7,5]   D. [7,5,3]

9. 表达式list(map(list,zip(*[[1,2,3],[4,5,6]])))的值为_____。

A. [[1,4],[2,5],[3,6]]   B. [[1,4],[2,5],[3,5]]

C. [[1,2],[2,5],[3,6]]   D. [[1,4],[4,5],[3,6]]

10. 已知x=([1],[2])，那么执行语句x[0].append(3)后x的值为_____。

A. ([1,3,[2])   B. ([1,3,2])   C. ([1,3],[2])   D. ([1,3],2)

11. 多分支结构中关键字elif是_____的缩写。

A. elseif   B. else if   C. el if   D. 都不正确

12. 自定义函数中形参是一个_____变量。

A. 有效   B. 无效   C. 全局   D. 局部

13. 已知g=lambda x,y=3,z=5:x+y+z，那么表达式g(2)的值为_____。

A. 10   B. 11   C. 12   D. 13

14. f-string中格式描述符"-"作用是数字符号中负数前加负号，正数前_____。

A. 加正号   B. 加f   C. 加空格   D. 不加任何符号

15. 纯文本文件习惯上的扩展名为_____。

A. file   B. exe   C. txt   D. pyc

二、填空题(10小题，每题1分，共10分)

1. _____年Python 1.0版本正式发布。

2. 在Python中逻辑等于运算符是_____。

3. 若a=2,b=3，那么a**b的值为_____。

4. 查看变量类型的内置函数是_____。

5. 列表对象中添加元素方法的共同特点是_____。

6. 字典中多个元素之间使用_____(填写中文)分隔开。

7. 可以使用集合对象的4种方法删除集合元素，分别是：_____方法、remove()方法、discard()方法和clear()方法。

8. Python定义函数使用关键字是_____。

9. 可以使用内置函数_____查看包含当前作用域内所有全局变量和值的字典。

10. _____(填写英文字母)结构可以自动管理与文件有关的系统资源,不管什么原因造成程序跳出该语句块(即使代码引发异常),均能够确保文件正常关闭。

三、判断题(15小题,每题1分,共15分)

(　)1. Python对象包括两大类:内置对象和非内置对象。

(　)2. Python中关键字No表示的含义是空值或没有值。

(　)3. 对象是面向对象程序设计语言的要素之一,也是Python中最基本的概念。

(　)4. 加法运算符可以用来连接字符串并生成新字符串。

(　)5. Python关键字不可以作为变量名。

(　)6. del()方法用于清空列表对象中所有元素,但没有删除该列表,返回的是空列表。

(　)7. Python字典中的"值"不允许重复。

(　)8. Python中集合属于无序序列。

(　)9. 在Python中,逻辑运算符有and、or、not。

(　)10. 在循环中continue语句的作用是跳出当前层循环。

(　)11. 函数中必须包含return语句。

(　)12. Python字符串属于可变无序序列。

(　)13. ASCII码采用2个字节对字符进行编码。

(　)14. f-string中对齐格式控制符有左对齐、右对齐和两端对齐。

(　)15. 使用内置函数open()且以"w"模式打开的文件,文件指针默认指向文件尾。

四、算法分析题(1小题,每题5个空,共5个空,每个空2分,共10分)

编写九九乘法表程序。

【程序代码】

```
for i in range(1,10):
    for j in range(1,____①____):
        print("{0}*{1}={2}".____②____(j,i,i*j).ljust(6),end="")
    print()
```

【程序分析】

(1) 程序中控制图形中列输出的作用的变量是___③___。

(2) 程序中乘法算式在规定格中显示时采用的是___④___(填写左或右)对齐方式。

(3) 程序中的作用是输出空行的语句是___⑤___。

五、综合应用题部分(4个题,共50分)

1. (算法题10分)编写程序计算圆的面积。

2. (算法题10分)随机生成10个100以内的整数列表并输出,然后按照从小到大排序输出结果(请使用列表sort方法实现)。

3. (应用题15分)(鸡兔同笼问题)从键盘输入鸡兔的总数和腿的总数,求鸡、兔的实际只数,如果输入数据不正确,请给出错误提示。

4. (综合题15分)信息爬取问题(根据关键词爬取相关句子):

Python既支持面向过程编程,也支持面向对象编程。在"面向过程"的语言中,程序是由过程或仅仅是可重用代码的函数构建起来的。在"面向对象"的语言中,程序是由数据和功能组合而成的对象构建起来的。与其他面向对象语言(如C++和Java)相比,Python不强调概念,而注重实用。让编程者能够感受到面向对象带来的好处,这正是它能吸引众多支持者的原因之一。

在以上文字中请输入查询关键词将带有此信息的句子输出。

Python模拟题3

一、单选题(15小题,每题1分,共15分)

1. Python源代码程序编译后的文件扩展名为_____。

A. pcw   B. pyc   C. pw   D. pcy

2. 条件表达式的结果类型是_____。

A. 实型   B. 布尔型   C. 字符串   D. 无法确定

3. Python中import语句主要用来_____。

A. 一次导入多个标准库或扩展库   B. 接收键盘输入的内容

C. 把对象转换为字符串   D. 返回对象的类型

4. _____是面向对象程序设计语言的要素之一,也是Python中最基本的概念。

A. 实例   B. 语句   C. 对象   D. 类

5. 表达式int(−4.7)的值为_____。

A. −4.0   B. −5.0   C. −4   D. −5

6. Python中取余运算符是_____。

A. /   B. mod   C. %   D. //

7. 若变量x运行id(x)语句的返回值为397854098,则进行复合赋值运算x+=5后,表达式id(x)==397854098的值为_____。

A. False   B. True   C. 0   D. 1

8. 元组的负索引是从_____开始的。

A. 0   B. 1   C. −1   D. 2

9. 已知列表x=[1,2,3,4],那么执行语句del x[3]之后,x的值为_____。

A. ["1"]   B. ["1","2","3"]   C. [1]   D. [1,2,3]

10. 已知列表x=list(range(10)),则执行表达式x[−5:−1]后,输出结果为_____。

A. [1,2,3,4]   B. [6,7,8,9]   C. [5,6,7,8]   D. [7,8,9,10]

11. 调用函数时,在实参前面加一个*表示序列_____。

A. 封包   B. 解包   C. 字典   D. 列表

12. ASCII码采用_____个字节对字符进行编码。

A. 1   B. 2   C. 3   D. 4

13. f-string格式通过续行符_____实现对多行字符串的处理。

A. \ B. % C. # D. //

14. "CHINACHINACHINA".count("CHINA",1,20)的值为_____。

A. 1 B. 2 C. 3 D. 4

15. _____是一种轻量级的数据交换格式,在 Python 数据处理中得到广泛应用。

A. JSON B. JOHN C. JOSN D. JNSO

二、填空题(10 小题,每题 1 分,共 10 分)

1. Python 安装扩展库常用的是_____(填写英文)工具。

2. 字典的最外边界定符是大括号,元素之间用_____(填写中文)分隔。

3. Python 中 def 是用于定义_____的关键字。

4. 列表和元组都支持使用_____(单/双)向索引访问元素。

5. 字典中每个元素是由两个部分组成的,分别为键和_____(填写中文)。

6. 在循环体中,可以使用_____(填写英文)语句使它所在层次的循环提前结束,并退出循环。

7. 如果函数中没有 return 语句或者 return 语句不带任何返回值,那么该函数的返回值为_____。

8. 假设字符串 s='love Python!',执行 s[:4]操作后得到的结果是_____。

9. IDLE 有两种编程方式:一种是命令行方式,另外一种是代码_____方式。

10. 文本文件的扩展名为_____(填写英文)。

三、判断题(15 小题,每题 1 分,共 15 分)

( )1. Python 是免费开源的软件之一。

( )2. Python 不支持面向过程编程,只支持面向对象编程。

( )3. Python 的可扩展性表现在可以通过其他语言(如 C、C++)为 Python 编写扩充模块。

( )4. Python 对象包括两大类:内置对象和非内置对象。

( )5. Python 采用的是基于值的自动内存管理方式。

( )6. 函数 eval()可以直接对 0 开头的数字字符串求值。

( )7. 元组定义后,不支持使用 inset()、remove()等方法,但支持 del 命令删除某个元素。

( )8. Python 中字符串是有序序列。

( )9. Python 字典中的"键"可以是元组。

( )10. 假设 x 是含有 5 个元素的列表,那么切片操作 x[10:]是无法执行的,会显示异常。

( )11. 多分支结构中,当条件满足时不再判断后面的条件,将执行语句块直到该结构结束。

( )12. 自定义函数中形参是一个局部变量,而实参是一个全局变量。

( )13. Python 变量使用前必须先声明,并且一旦声明就不能在当前作用域内改变其类型。

( )14. Python 字符串方法 replace()对字符串进行原地修改。

（　　）15. close（）方法可以自动管理与文件有关的系统资源,不管什么原因造成程序跳出该语句块（即使代码引发异常）,均能够确保文件正常关闭。

四、算法分析题(1小题,每题5个空,共5个空,每个空2分,共10分)

求一个数的阶乘。

【程序代码】
```
s=＿＿①＿＿
n=int(input("输入一个整数:"))
n=abs(n)
i=1
while n>=1:
    s=s*＿＿②＿＿
    i=i+1
    n=n-1
＿＿③＿＿:
    print("数"+str(i-1)+"的阶乘=",s)
```

【程序分析】
请问 while 结构运行结束后,n 的值为＿＿④＿＿。

【运行结果】
请问输入一个整数为5时,程序执行结果s的值是:＿＿⑤＿＿。

五、综合应用题部分(4个题,共50分)

1.(算法题10分)输入一个三位数分别输出各位上的数码。

2.(算法题10分)输入三角形的三边值,使用海伦公式求三角形的面积。

3.(应用题15分)(鸡兔同笼问题)从键盘输入鸡兔的总数和腿的总数,求鸡、兔的实际只数,如果输入数据不正确,请给出错误提示。

4.(综合题15分)登录验证信息:用户名是 admin,密码是123456。如果该用户输入正确,则输出"身份验证成功";验证不正确时,则输出"输入不正确,请重新输入";当三次验证不正确时,则输出"身份验证失败"。

Python 模拟题 4

一、单选题(15小题,每题1分,共15分)

1. Python是一种面向对象、解释型的计算机程序设计＿＿＿＿＿＿＿＿语言。

A. 低级　　　　　　　B. 中级　　　　　　　C. 高级　　　　　　　D. 机器

2. 主调函数中实参是一个＿＿＿＿＿＿＿＿变量。

A. 有效　　　　　　　B. 无效　　　　　　　C. 全局　　　　　　　D. 局部

3. 执行表达式[1,2,3]*3后的输出结果为＿＿＿＿＿＿＿＿。

A. [1,2,3,1,2,3,1,2,3]　　　　　　　　　B. [3,6,9]

C. [[1,2,3],[1,2,3],[1,2,3]]　　　　　D. 都不对

4. Python中使用_____函数来返回列表、元组、字典、集合、字符串以及range对象中所包含的元素个数。

A. len()　　　　　B. count()　　　　　C. int()　　　　　D. sum()

5. 在import math之后,执行表达式eval('''math.sqrt(25)''')后的输出结果为_____。

A. 25　　　　　B. 5.0　　　　　C. 5　　　　　D. 25.0

6. Python中将多个值赋值给同一个变量,将这些变量自动封装为元组的过程,称为_____。

A. 序列合包　　　　B. 序列解包　　　　C. 序列封包　　　　D. 序列分包

7. 已知列表x=[1,2,3,4],执行语句x.insert(1,5)后输出x的值为_____。

A. [1,2,3,4,5]　　　B. [5,1,2,3,4]　　　C. [1,5,2,3,4]　　　D. [1,2,5,3,4]

8. 已知x={1:2,2:3,3:4},执行表达式sum(x.keys())后的值为_____。

A. 15　　　　　B. 9　　　　　C. 6　　　　　D. 18

9. 已知列表x=[5,7,9],执行语句x[len(x):]=[1,2,3]之后,x的结果为_____。

A. [5,7,9,1,2,3]　　　　　　　　B. [1,2,3]

C. [3,1,2][1,2,3,5,7,9]　　　　D. [1,2,3,5,7,9]

10. 如果循环次数预先可以确定,一般使用_____循环。

A. do　　　　　B. while　　　　　C. for　　　　　D. if

11. 已知列表x=list(range(9)),那么执行语句x.remove(0)之后,表达式x.index(4)的值为_____。

A. 3　　　　　B. 4　　　　　C. 1　　　　　D. 2

12. 在Python中,常用的循环结构主要有_____种。

A. 1　　　　　B. 2　　　　　C. 3　　　　　D. 4

13. Python字符串属于_____序列。

A. 可变　　　　　B. 不可变　　　　　C. 可知　　　　　D. 不可知

14. 执行表达式list(filter(lambda x:x%2==1,range(10)))后的输出结果为_____。

A. [0,2,4,6,8]　　　B. [2,4,6,8,10]　　　C. [0,1,3,5,7,9]　　　D. [1,3,5,7,9]

15. 下列方法中,能够将字符串对象的首字母转换成大写形式的方法是_____。

A. capitalize()　　　B. title()　　　C. upper()　　　D. ljust()

二、填空题(10小题,每题1分,共10分)

1. Python程序文件扩展名主要有_____(填写英文)和pyw两种。

2. Python采用代码缩进和冒号来区分代码之间的层次。通常情况下采用_____个空格长度作为一个缩进量。

3. split()方法用指定字符为分隔符,其默认分隔符为_____(填写中文)。

4. 布尔(bool)型变量只能取两个值,True和_____。

5. 列表、元组、字符串支持双向索引,其正向索引中,第一个元素下标为_____(填写数字)。

6. 字典中多个元素之间使用_____(填写中文)分隔开,每个元素的"键"与"值"之间使用冒号分隔开。

7. 在Pyhton中函数可以分为_____函数、标准库函数、第三方提供的函数和自定义函数。

8. Python中程序控制结构包括_____结构、选择结构和循环结构三种。

9. _____(局部/全局)变量是在函数内作定义说明的。其作用域仅限于函数内,离开该函数后再使用这种变量是非法的。

10. _____(填写英文)模块提供了大量用于路径判断、切分、连接以及文件遍历的方法。

三、判断题(15小题,每题1分,共15分)

(   )1. Python扩展库需要先导入后才能使用,Python标准库不需要导入即可使用其中所有对象和方法。

(   )2. 0o12是合法的八进制数值。

(   )3. 以3为实部4为虚部,Python复数的表达形式为3+4i。

(   )4. Python关键字不可以作为变量名。

(   )5. 列表对象的pop()方法默认删除并返回最后一个元素。

(   )6. 字典的"键"必须是不可变类型的数据。

(   )7. 不能对元组和字符串进行切片操作。

(   )8. 同一台计算机上可以安装多个Python版本。

(   )9. 加法运算符可以用来连接字符串并生成新字符串。

(   )10. 在循环中,continue语句的作用是跳出当前层循环。

(   )11. 定义Python函数时,如果函数中没有return语句,则默认返回空值None。

(   )12. Python运算符％不仅可以用来求余数,还可以用来格式化字符串。

(   )13. 在GBK编码中一个汉字需要1个字节。

(   )14. Python变量名区分大小写,所以student和Student不是同一个变量。

(   )15. 二进制文件不能使用记事本程序打开。

四、算法分析题(1小题,每题5个空,共5个空,每个空2分,共10分)

键盘输入一个正整数n(n>3),输出杨辉三角的前n行。

【程序代码】

```
n=int(input("请输入一个正整数(n>3):"))
print([1])
line1=[1,1]
print(line1)
if n<=3:
    print("输入数据有误!")
___①___:
    for i in range(2,n):
        ___②___=list()    #创建一个空列表
```

```
for j in range(0,len(line1)－1):
    y.    ③    (line1[j]+line1[j+1])       #追加元素
line1=[1]+y+[1]        #连接列表
print(line1)
```

【程序分析】

(1) 这个程序可以使用元组实现吗?　　④　　(是/否)

(2) 请问 line1[－1]的值是　　⑤　　。

五、综合应用题部分(4个题,共50分)

1. (算法题10分)编写程序,用户通过键盘输入长方形的边长,计算长方形的周长并输出。

2. (算法题10分)随机生成10个100以内的整数列表并输出。

3. (应用题15分)判断季节:用户输入一个月份,判断这个月份是属于哪个季节?(提示:通过列表来存放季节所对应的月份,如 spring=[3,4,5],summer=[6,7,8],autumn=[9,10,11],winter=[12,1,2]等。要求:假设输入月份为2,输出结果为"2月是冬天")。

4. (综合题15分)已知三角形的三边长 a,b,c,利用海伦公式求该三角形的面积。(要求:保证只有输入的三个值构成三角形,才输出结果)。

第5部分 "Python程序设计" 教学辅助系统

系 统 简 介

随着Python语言的不断完善与发展,以及标准库和扩展库的不断扩大,Python语言的应用越来越广泛,目前很多学校已经开设了"Python程序设计"这门课程,为了更好地服务于该课程的教学与实验实际需要,运用现代网络技术设计开发了一套面向线上与线下融合的教学辅助系统,服务于广大师生。

"Python程序设计"教学辅助系统是根据高校非计算机专业有关计算机类课程教学改革的要求与实践,开发的一套基于局域网服务器和云服务器的集课程实验、课程题库与试卷维护、课程考试、成绩管理以及在线课堂等功能于一体的Web应用软件系统(扫描右侧二维码,即可进入系统相关页面)。

该系统立足于疫情时代信息技术应用于教学改革与实践的需求,既可以满足线下教学需要,也可以满足线上教学辅助的需要,系统具有较高的灵活性与实用性。该系统已经在青岛科技大学试运行,取得良好效果。青岛科技大学有四方校区、崂山校区、高密校区和黄岛中德校区共四个独立校区,相互之间距离较远,使用该系统能够有效地解决数据共享和统一安全管理的问题。该系统具有以下几个主要特点:

1. 系统布置简单

该系统可以布置在计算机机房的局域网服务器中,不需要额外的设备;如果跨校区使用,只要申请一个云服务器,可随时布置,满足各校区的一体化使用。

2. 系统功能完善

该系统充分考虑到实际的需要,在实际应用中不断完善,主要包括以下5个功能模块。

① 实验辅助功能:教师可以在线发布实验资料,学生能够实时查阅实验要求,下载实验资料,生成实验模板,完成实验,撰写并上传实验报告等操作。

② 课程题库与试卷维护:获得管理员授权的用户可以进行查看课程题库,手动或自动

组卷,对题库或试卷进行修改、添加与删除等操作。

③ 在线考试:学生在线完成指定考试任务,最后提交答卷并退出系统。

④ 考试控制:课程考试控制模块由管理员设置考试场次、选择试卷、启动和停止考试,并且实时监控考试状态。

⑤ 成绩分析功能与电子试卷:通过考试成绩抽取与分析,输出考试情况总结和成绩分布曲线图,为修正试卷题库难度系统、提高教学质量提供了决策依据。系统可以根据要求生成文档化(如 Word 版)的电子试卷,方便后期的存档与检查。

"Python 程序设计"教学辅助系统为计算机类课程信息化应用改革提供了实践经验,具有重要的应用价值和推广意义。

3. 系统环境

"Python 程序设计"教学辅助系统需要安装在 Windows Server 系统服务器中,系统的配置要求不高,一般的局域网机房服务器均可以使用。基本配置要求如下:

① 操作系统:Windows Server 2008 或以上版本。

② 数据库系统:安装 SQL Server 2008R2 或以上版本。

③ 框架:.NET Framework 4.0 及其以上版本均可,或者直接安装 Visual Studio 2013 或以上版本。

④ 目录权限:要开放部分目录权限,满足实验报告的上传与下载。

系 统 使 用

1. 系统登录与主页面

输入用户在服务器上配置的 IP 地址或者域名之后,启动系统后进入登录页面,如系统图 1-1 所示。输入用户登录账号和用户密码,选择用户身份,本系统的用户身份有:管理员、教师与学生三种用户,然后点击登录系统。

系统图 1-1　用户登录页面

点击登录后进入"Python程序设计"教学辅助系统主页面,主页面采用的是Web菜单导航,在主页面中不同用户根据所赋予的不同权限可以完成相应的应用,系统主页面如系统图1-2所示。

系统图1-2 "Python程序设计"教学辅助系统的主页面

2. 系统的功能

"Python程序设计"教学辅助系统功能丰富,下面介绍一下系统的主要功能模块。

（1）实验辅助模块

主讲教师可以通过该模块发布实验资料,学生通过该模块随时完成"Python程序设计"课程的相关实验。学生进入实验辅助页面之后,在线查看课程的实验要求,下载实验资料,生成实验模板,按要求完成实验后,根据模板要求命名实验报告,并撰写好实验报告,最后上传实验报告至服务器中。实验辅助模块如系统图1-3所示。

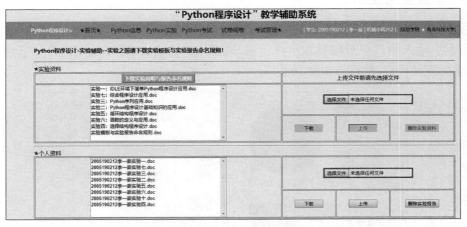

系统图1-3 实验辅助模块

（2）实验批阅模块

学生提交实验报告之后,任课教师可以随时在线检查并下载实验报告,或者在线打开并批阅打分。如系统图1-4所示。

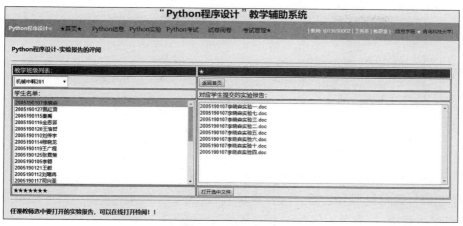

系统图1-4 实验批阅模块

（3）考试控制与管理模块

考试控制与管理模块可以实现对考试控制基本参数的初始化,并对课程考试进行实时控制和管理,主要功能包括以下几个方面,如系统图1-5所示。

① 启动某场次的考试。

② 停止当前的考试。

③ 锁定和解除锁定登录。

④ 延时设置与实时查询考试情况。

⑤ 按试卷自动评分。

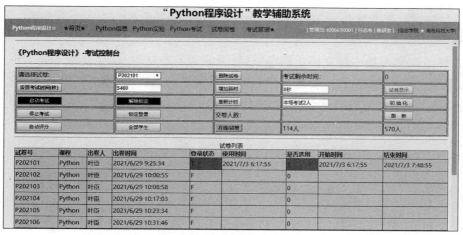

系统图1-5 考试控制与管理模块

（4）课程在线考试模块

该模块可以实现"Python程序设计"课程的在线考试,系统提供了两种考试模式。第一种为在线实时考试,题型包括单选题、判断题、填空题、算法分析题和综合应用题等。

学生登录考试后,首先需要选择所在考场(机房号),再确定考试机器号,如系统图1-6所示。

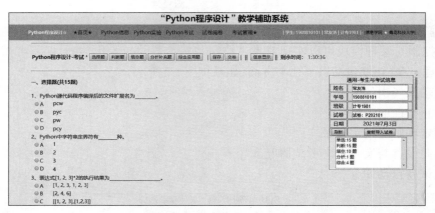

系统图1-6 考场及机器号的选择

选择考场与确定机器号之后,点击"登录"即进入考试模块主页面。根据提示完成考试任务,在考试过程中,注意及时保存。考试界面如系统图1-7所示。

系统图1-7 课程考试主界面

第二种考试模式是一种文档化的考试,任课教师发布试卷,学生实时下载Word版的电子试卷,学生完成答卷之后,按要求以学号和姓名重新命名答卷,然后把答卷上传至服务器之中,任课教师随时可以在线下载、阅卷与打分。如系统图1-8所示。

系统图1-8 Word版电子试卷的考试

考试系统具有倒计时显示与提醒功能,交卷时能够自动进行保存,学生交卷过程中给予提示,并退出系统。另外考试倒计时结束后,系统会自动交卷。

（5）综合题人工阅卷模块

"Python程序设计"课程考试客观题能够自动评分,但综合题是主观题类型,主要是算法分析、应用设计、综合应用设计等题型,学生编写的答案或编程方法各异,很难实现自动评分,任课教师在辅助平台上在线查看学生答题,可以手动评阅结果给出成绩。综合应用题人工阅卷页面如系统图1-9所示。

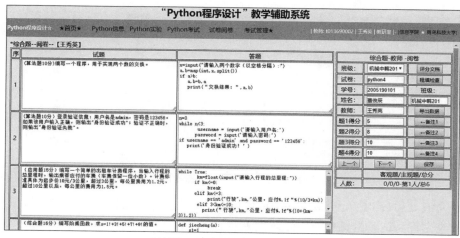

系统图1-9　综合题人工阅卷模块

（6）题库维护模块

"Python程序设计"教学辅助系统建设有完整的题库和若干套现成的试卷,任课教师能够对其进行检查、维护和修正,可以修改试题内容和标准答案,也可以进行删除、添加试题等操作。题库维护页面如系统图1-10所示。

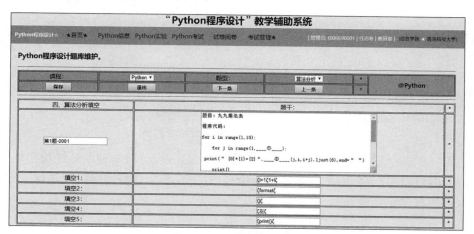

系统图1-10　题库维护模块

（7）组卷与试卷检查模块

该系统提供了手动组卷和自动组卷功能，手动组卷需要设置题型，输入试卷名之后，进入组卷界面，按题型设置，然后手动选择试题，最后生成试卷。手动组卷页面如系统图1-11所示。

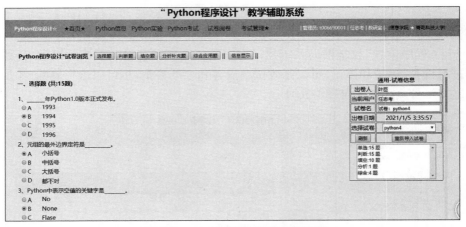

系统图1-11　手动组卷界面

组卷完成之后，出卷人可以在线浏览该试卷，如果发现重复题或者需要更换试题，均可以在线修改完善。试卷浏览检查如系统图1-12所示。

系统图1-12　手动组卷浏览检查界面

经过两年共四个学期的试运行与调试，"Python程序设计"教学辅助系统稳定性很好，功能完善，经实践检验具有较好的实践应用价值和推广价值，今后将继续听取建议，不断完善，以便更好地为教学与实验服务。

参 考 文 献

［1］ 刘国柱,等.Python程序设计基础[M].北京:科学出版社,2021.

［2］ 千峰教育高教产品研发部.Python快乐编程基础入门[M].北京:清华大学出版社,2019.

［3］ 钱彬.Python Web开发从入门到实战[M].北京:清华大学出版社,2020.

［4］ 董付国.Python程序设计基础[M].2版.北京:清华大学出版社,2015.